Blütenpracht & ERNTEGLÜCK

SVENJA BREUER

Blütenpracht & ERNTEGLÜCK

DEIN WEG ZUM TRAUMGARTEN

EMF

EIN BUCH DER EDITION MICHAEL FISCHER

Inhalt

PFLANZPLÄNE 71

PFLEGE 97

PFLANZEN-PORTRÄTS 107

WIE AUS WILDNIS EIN GARTEN WURDE

„Wie soll hier jemals ein schöner Garten entstehen?“ Diese Frage habe ich mir vor zwei Jahren gestellt, hochschwanger, als wir in unser neues Zuhause mit einem völlig verwilderten Garten gezogen sind. Und wenn ich „verwildert“ sage, meine ich es auch so: Alles war mit Efeu überwuchert, der Rasen glich eher einer Steppe und in den schattigen Bereichen hatte sich eine dicke Moosschicht breitgemacht. Blühende Pflanzen? Fehlanzeige. Nur der Efeu hielt sich hartnäckig.

Während ich meine Tochter stillte, habe ich mir Stift und Papier geschnappt und angefangen, meine Ideen aufzuschreiben. Ich wollte einen Garten schaffen, der Lebensraum für Insekten bietet, aber auch schön aussieht. Denn für mich schließen sich Ästhetik und Naturfreundlichkeit nicht aus. Ein Gemüsegarten darf gerne strukturiert sein und ein insektenfreundliches Beet kann auch stilvoll wirken.

Das Insektensterben beschäftigt mich sehr. Deshalb war mir von Anfang an klar: Mein Garten soll Obst und Gemüse liefern und gleichzeitig ein Paradies für Bienen, Hummeln & Co. sein. Damit du es leichter hast, deinen eigenen Garten zu gestalten, habe ich in diesem Buch viele Beetpläne zusammengestellt – für Gemüsebeete genauso wie für blühende, insektenfreundliche Beete. Du kannst sie ganz einfach nachgärtnern und gerne auch Gemüse mit Blumen kombinieren. Das sieht nicht nur schön aus, sondern macht auch ökologisch Sinn.

Natürlich bin auch ich nicht fertig mit dem Lernen. Jedes Jahr bringt neue Herausforderungen. Das Wetter spielt verrückt, neue Schädlinge tauchen auf und Pflanzen, die früher gut gewachsen sind, kommen heute nicht mehr so gut zurecht.

Mein Buch soll dich ermutigen und inspirieren: Du kannst das alles schaffen!
Ich möchte dir zeigen, wie du eigenes Obst und Gemüse anbaust und dir gleichzeitig viele bunte Blumen in die Vase holst. Und das auch mit Pflanzen, die pflegeleicht und trockenheitsresistent sind, was perfekt ist, wenn du (noch) keinen grünen Daumen hast.

Ich wünsche dir viel Freude, egal ob auf dem Balkon, im Schrebergarten oder im eigenen Garten und hoffe, ich kann dich mit meinem Gartenfieber anstecken.

Blumige Grüße

Svenja

Vorwort

Grundlagen

EIN BLÜHENDER GEMÜSEGARTEN

Warum ein paar alleinstehende Hochbeete im Garten nicht ausreichen? Für mich ist ein Gemüsegarten nicht nur ein Ort des Anbaus, sondern er kann auch ein lebendiger, artenreicher Lebensraum sein, wenn man ihn ganzheitlich denkt.

Aus meiner Sicht reicht es nicht aus, für einen Gemüsegarten die Obst- und Gemüsesorten sorgfältig auszusäen, zu pflanzen und zu pflegen. Ebenso wichtig ist es, das Umfeld bewusst zu gestalten und das am besten mit einer üppigen Vielfalt an blühenden Pflanzen. Denn ein Garten, der summt und brummt, ist ein Garten, der lebt und letztlich auch mehr Ertrag bringt.

BLÜHENDE NACHBARN

Studien aus der Agrarwissenschaft belegen eindeutig: Blühstreifen neben landwirtschaftlichen Flächen wie Weizenfeldern können den Ertrag der Hauptkultur deutlich steigern. Der Grund dafür ist einfach und beeindruckend zugleich: Blühende Begleitpflanzen ziehen eine Vielzahl nützlicher Insekten an, darunter Bestäuber wie Bienen, Hummeln und Schwebfliegen, aber auch sogenannte Nützlinge wie Marienkäfer, Florfliegen oder Raubwespen.

Gleichzeitig dienen die Blühpflanzen als Nahrungsquelle, Schutzraum und Rückzugsort für diese kleinen Helfer – gerade dann, wenn das Gemüse nicht blüht.

Warum sind Nützlinge so wichtig?

- Sie bestäuben Obst und Fruchtgemüse.
- Sie bekämpfen Schädlinge ganz ohne Chemie.
- Sie sorgen für ein natürliches Gleichgewicht.

Tipp

Lege in deinen Gemüsebeeten „Blühinseln“ an, indem du zwischen dein Gemüse zwei bis drei verschiedene insektenfreundliche Pflanzen wie Dill, Ringelblumen und Borretsch pflanzt.

Die Blühstreifen erfüllen nicht nur eine wichtige Funktion, sondern bringen auch visuelle Abwechslung ins Spiel.

PFLANZENSCHUTZ DURCH VIELFALT

Wer seinen Gemüsegarten von einem insektenfreundlichen Beet oder Blühstreifen umgeben lässt, braucht kaum noch etwas zu spritzen, denn ein vielfältig bepflanzter Garten ist stabiler, gesünder und widerstandsfähiger gegenüber Schädlingsbefall. Die Nützlinge übernehmen die Kontrolle, wodurch dein Garten natürlich und im Gleichgewicht bleibt.

Auch Mischkulturen im Gemüsebeet können diesen Effekt verstärken. Ringelblumen zwischen den Karotten, Studentenblumen bei den Tomaten oder Kapuzinerkresse neben dem Kohl. Das sind keine zufälligen Pflanzungen, sondern jahrhundertealte Gärtnerweisheiten, die heute durch wissenschaftliche Erkenntnisse untermauert werden.

Kapuzinerkresse reduziert den Blattlausbefall an Gemüse.

EIN INSEKTENBEET RUND UM DEN GEMÜSEGARTEN

- VIELFALT: Pflanze möglichst viele verschiedene Blühpflanzen in unterschiedlichen Höhen, Farben und mit unterschiedlichen Blütezeiten. So stellst du sicher, dass von Frühjahr bis Herbst immer etwas blüht.
- OFFENE BLÜTENFORMEN WÄHLEN: Viele moderne Zuchtformen haben stark gefüllte Blüten. Die sehen schön aus, bieten aber kaum Pollen oder Nektar. Achte bei den Sortennamen auf die Beschreibung „einfach" und vermeide den Zusatz „gefüllt".
- MEHRJÄHRIGE UND EINJÄHRIGE PFLANZEN KOMBINIEREN: Stauden sorgen für Struktur und Beständigkeit, einjährige Blumen bringen dafür Farbwechsel und Dynamik ins Beet.

Tipp

Wer sich noch nicht an fest angelegte Beete um seinen Gemüsegarten rantraut, kann im ersten Jahr mit einer Insektenwiese anfangen. Das ist eine Mischung aus Wild- und Kulturblumen, die reich an Pollen und Nektar sind. Eine Insektenwiese gibt es fertig als Mischung zu kaufen. Dafür die Fläche von Gras und Unkraut befreien, die Erde leicht auflockern, aussäen und anfangs gut wässern. So hat man einen abwechslungsreichen Blütenteppich, der den Insekten Nahrung und Lebensraum bietet und dabei auch noch unsere Augen erfreut. Die Fläche sollte lediglich ein- bis zweimal pro Jahr gemäht werden.

DER RICHTIGE STANDORT FÜR DEIN OBST & GEMÜSE

Ein erfolgreicher Gemüsegarten beginnt mit der Wahl des passenden Standorts, denn Licht ist einer der wichtigsten Wachstumsfaktoren für Pflanzen. Doch auch mit weniger Sonnenlicht lässt sich einiges anbauen, vorausgesetzt man wählt die passenden Pflanzen.

Prinzipiell kann man fast überall Obst und Gemüse kultivieren: in sonnigen Beeten, auf halbschattigen Balkonen oder sogar in eher schattigen Ecken des Gartens. Die Pflanzenauswahl wird jedoch mit abnehmender Lichtmenge eingeschränkter. Dafür eröffnen sich mit geschickter Planung neue gestalterische Möglichkeiten.

VOLLSONNIGER STANDORT

Ein vollsonniger Standort erhält mindestens sechs bis acht Stunden direkte Sonne, idealerweise auch zur Mittagszeit. Die Flächen bieten wärmeliebenden Pflanzen optimale Bedingungen. Hier gedeihen die meisten Obst- und Gemüsesorten, da sie viel Licht für kräftiges Wachstum, Blütenbildung und hohe Erträge benötigen.

Mein Gemüsegarten bekommt bis zu acht Stunden Sonne am Tag.

VORTEILE:

- schnelles Wachstum und hohe Erträge bei Sonnenliebhabern
- ideal für mediterrane Kräuter und wärmeliebende Gemüsearten
- gute Bedingungen für Bienenpflanzen und Blühpflanzen mit langer Blütezeit

NACHTEILE:

- der Boden trocknet schneller aus
- Hitzestress für empfindlichere Pflanzen
- regelmäßiges Gießen notwendig, besonders im Sommer und bei neu gesetzten Pflanzen

GEMÜSE FÜR SONNIGE STANDORTE:
Aubergine, Bohne, Chili, Gurke, Knoblauch, Kürbis, Paprika, Tomate, Zucchini

Zucchini lieben einen sonnigen Standort im Gemüsegarten.

OBST FÜR SONNIGE LAGEN:
Apfel, Birne, Erdbeere, Kirsche, Melone, Pfirsich, Physalis und Nektarine

Tipp

Obstgehölze an sonnigen Standorten bringen besonders aromatische und süße Früchte hervor. Eine Mulchschicht rund um den Stamm schützt vor Verdunstung, denn eine ausreichende Bewässerung in Trockenphasen ist sehr wichtig.

HALBSCHATTIGER STANDORT

Ein halbschattiger Standort erhält etwa drei bis sechs Stunden direkte Sonne am Tag, häufig in den Morgen- oder Abendstunden. Diese Bereiche sind meist an der Ost- oder Westseite von Gebäuden oder unter lichteren Baumkronen zu finden.

VORTEILE:

- mildere Temperaturen, weniger Gießaufwand
- geringere Gefahr für Sonnenbrand auf empfindlichem Laub

NACHTEILE:

- weniger Auswahl an geeigneten Pflanzen
- Früchte reifen langsamer

GEMÜSE FÜR HALBSCHATTIGE STANDORTE:
Brokkoli, Erbse, Kohlrabi, Mangold, Radieschen, Spinat

OBST FÜR HALBSCHATTIGE LAGEN:
Blaubeere, Johannisbeere, Himbeere, Holunder, Rhabarber, Stachelbeere

Tipp

Pflanze Beerensträucher so, dass sie morgens Sonne und nachmittags Schatten bekommen. Das fördert gesunde Früchte und schützt sie vor dem Austrocknen.

SCHATTIGER STANDORT

Ein schattiger Standort erhält weniger als zwei Stunden direktes Sonnenlicht pro Tag oder liegt vollständig im indirekten Licht. Solche Plätze finden sich meist an der Nordseite von Gebäuden, unter dichten Hecken oder im Schatten großer Bäume.

VORTEILE:

- kaum Verdunstung, geringerer Wasserbedarf
- ideal für hitzeempfindliche Pflanzen
- lässt sich oft gut mit Zierpflanzen kombinieren

NACHTEILE:

- eingeschränkte Pflanzenauswahl
- langsameres Wachstum, geringerer Ertrag
- erhöhte Gefahr von Pilzkrankheiten durch länger feuchtes Laub

GEMÜSE FÜR SCHATTIGE STANDORTE:
Feldsalat, Rucola, Salat, Sauerampfer

OBST FÜR SCHATTIGE LAGEN:
In tiefem Schatten gedeiht kaum Obst, aber einige Beeren wie die Walderdbeeren können in lichten Schattenlagen wachsen.

Tipp

Integriere Obst und Gemüse in deine Blühbeete, zum Beispiel Walderdbeeren. Sie unterdrücken Unkraut, halten den Boden feucht und liefern süße Früchte.

EIN HOCHBEET AUS PALETTENRAHMEN

Ein Gemüsebeet kann ganz unterschiedlich aussehen: als klassische Beetstruktur, als Hochbeet, in Mischkulturen oder als Reihenanbau sowie in Kombination mit Blumen und Blühpflanzen. Ich habe mich für Hochbeete in Kombination mit Blühpflanzen entschieden.

Meinen Gemüsegarten habe ich aus Palettenrahmen gestaltet. Das ist eine kostengünstige und einfach zu montierende Variante zu anderen Hochbeeten. Palettenrahmen, wie sie im Handel für Transport und Lagerung verwendet werden, eignen sich hervorragend als Grundkonstruktion. In diesem Kapitel zeige ich dir, wie du in wenigen Schritten dein eigenes Hochbeet aus Palettenrahmen errichtest.

WARUM EIN HOCHBEET?

Hochbeete sind nicht nur optisch ein Gewinn für jeden Garten, sie haben auch zahlreiche praktische Vorteile. Sie ermöglichen rückenschonendes Arbeiten in angenehmer Höhe, schützen die Pflanzen besser vor Schädlingen wie Schnecken und sorgen dank ihrer besonderen Befüllung für eine verlängerte Vegetationsperiode. Die Wärme, die beim Verrotten der unteren Schichten entsteht, fördert das Wachstum und ermöglicht eine frühere Aussaat.

SO HABE ICH MEINEN GEMÜSEGARTEN GESTALTET

Mein Gemüsegarten besteht aus vier L-förmigen Hochbeeten aus unterschiedlich großen Elementen (80×60 cm und 120×80 cm), jeweils drei Palettenrahmen hoch, sodass ich rückenfreundlich arbeiten kann.

Ergänzt wird der Gemüsegarten durch zwei niedrigere Beete mit zwei Rahmen, die ich für Schnittblumen und Kartoffeln nutze.

Aus optischen Gründen habe ich alle Hochbeete mit schwarzer Allwetterfarbe angestrichen. Die dunkle Oberfläche speichert in den Sommermonaten zwar etwas mehr Wärme, doch bisher hat sich das keineswegs negativ ausgewirkt. Im Gegenteil: Die Pflanzen gedeihen prächtig.

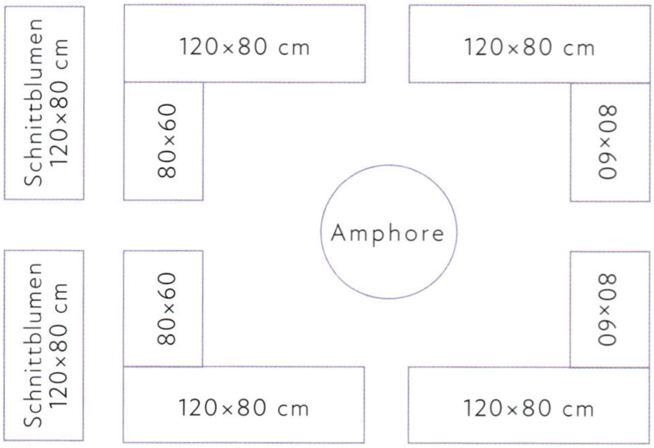

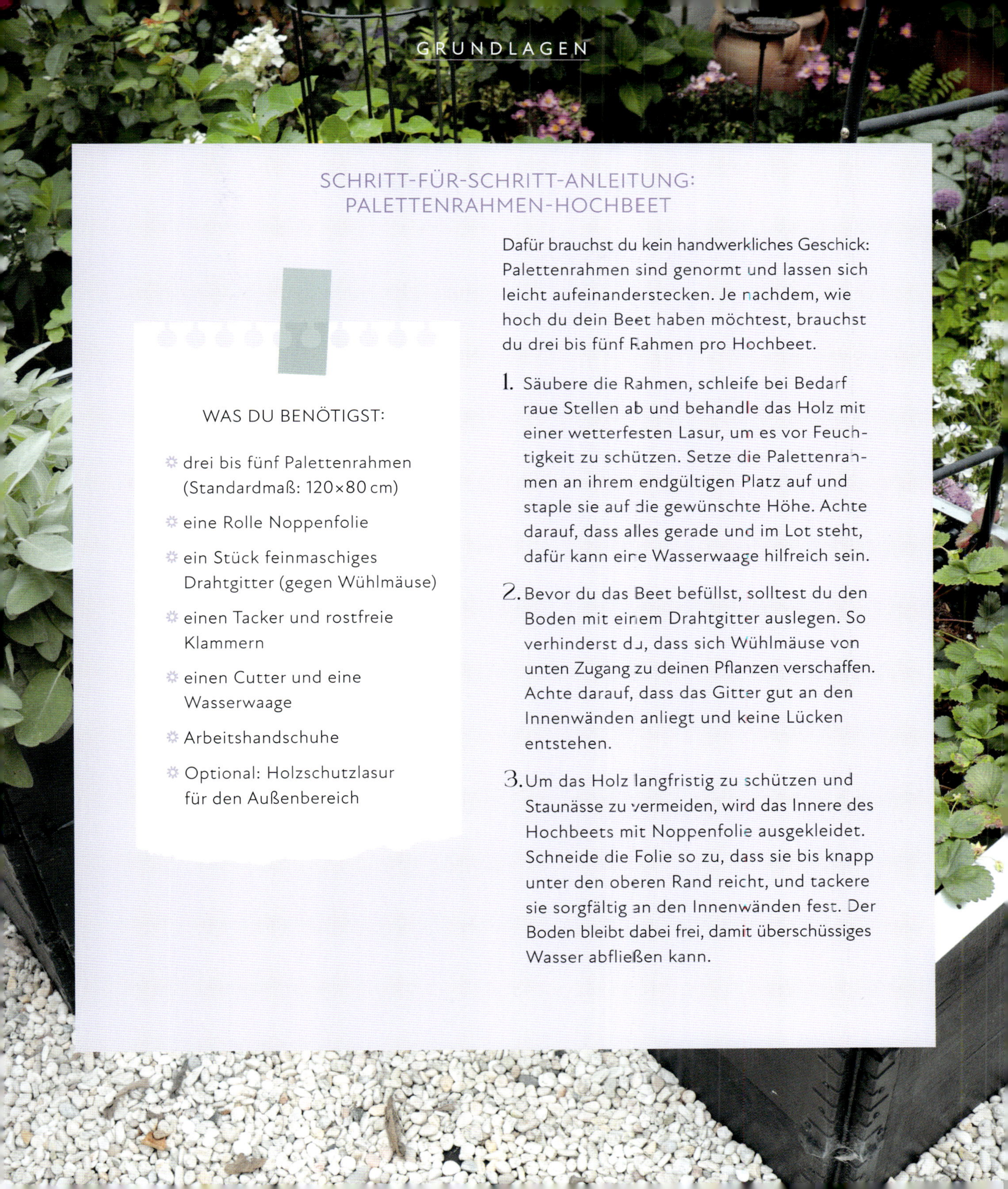

SCHRITT-FÜR-SCHRITT-ANLEITUNG: PALETTENRAHMEN-HOCHBEET

WAS DU BENÖTIGST:

- drei bis fünf Palettenrahmen (Standardmaß: 120×80 cm)
- eine Rolle Noppenfolie
- ein Stück feinmaschiges Drahtgitter (gegen Wühlmäuse)
- einen Tacker und rostfreie Klammern
- einen Cutter und eine Wasserwaage
- Arbeitshandschuhe
- Optional: Holzschutzlasur für den Außenbereich

Dafür brauchst du kein handwerkliches Geschick: Palettenrahmen sind genormt und lassen sich leicht aufeinanderstecken. Je nachdem, wie hoch du dein Beet haben möchtest, brauchst du drei bis fünf Rahmen pro Hochbeet.

1. Säubere die Rahmen, schleife bei Bedarf raue Stellen ab und behandle das Holz mit einer wetterfesten Lasur, um es vor Feuchtigkeit zu schützen. Setze die Palettenrahmen an ihrem endgültigen Platz auf und staple sie auf die gewünschte Höhe. Achte darauf, dass alles gerade und im Lot steht, dafür kann eine Wasserwaage hilfreich sein.

2. Bevor du das Beet befüllst, solltest du den Boden mit einem Drahtgitter auslegen. So verhinderst du, dass sich Wühlmäuse von unten Zugang zu deinen Pflanzen verschaffen. Achte darauf, dass das Gitter gut an den Innenwänden anliegt und keine Lücken entstehen.

3. Um das Holz langfristig zu schützen und Staunässe zu vermeiden, wird das Innere des Hochbeets mit Noppenfolie ausgekleidet. Schneide die Folie so zu, dass sie bis knapp unter den oberen Rand reicht, und tackere sie sorgfältig an den Innenwänden fest. Der Boden bleibt dabei frei, damit überschüssiges Wasser abfließen kann.

SCHRITT-FÜR-SCHRITT-ANLEITUNG: HOCHBEET-SCHICHTUNG

Der besondere Vorteil eines Hochbeets liegt in seiner Füllung. Durch das sogenannte Schichtprinzip entsteht eine natürliche Wärmeentwicklung, die das Pflanzenwachstum unterstützt. Diese Schichtung (von unten nach oben) hat sich bewährt:

1. Drainageschicht (ca. 20–30 cm): Grobe Äste, Zweige und zerkleinerter Strauchschnitt bilden die Basis. Sie sorgen für Luft und Drainage.
2. Rohkompostschicht (ca. 20 cm): Laub, Rasenschnitt und halbreifer Kompost helfen beim Verrotten und liefern Nährstoffe.
3. Feinkompostschicht (ca. 20 cm): Reifer Kompost oder eine Mischung aus Kompost und Erde bildet die Grundlage für die Pflanzschicht.
4. Pflanzschicht (ca. 20–30 cm): Hochwertige Gartenerde oder spezielle Hochbeeterde bildet den Abschluss.

Tipp

In den ersten Jahren sackt die Füllung ab, aber das ist ganz normal. Fülle es einfach einmal jährlich mit Kompost oder frischer Hochbeeterde auf. So bekommen deine Pflanzen gleich zum Saisonstart neue Nährstoffe und wachsen kräftig an.

BEETFORMEN IM ÜBERBLICK

Nicht nur dein Gemüsegarten zählt, sondern auch die übrigen Beete spielen eine wichtige Rolle. Versuche, den Gemüsegarten gestalterisch in dein Gesamtkonzept zu integrieren. So entsteht ein harmonisches Gesamtbild, in dem Nutz- und Zierpflanzen ganz natürlich miteinander verschmelzen.

INSELBEET

Meine Lieblingsbeete sind Inselbeete, also frei im Garten platzierte Pflanzflächen, die wie kleine Inseln im Rasen liegen. Statt ein großes Beet anzulegen, entstehen so mehrere, klar abgegrenzte Bereiche. In sonnigen Inselbeeten wachsen wärmeliebende Stauden, mediterrane Kräuter und trockenheitsverträgliche Sommerblumen. In schattigeren Lagen gedeihen Pflanzen wie Farne und andere schattenverträgliche Arten. So entstehen kleine Garteninseln, die jeweils ihre eigene Atmosphäre haben.

Achte auf einen harmonischen Pflanzaufbau mit höheren Arten in der Mitte und niedrigeren am Rand. Eine saubere Rasenkante oder Einfassung sorgt dafür, dass das Beet klar wirkt und sich leicht pflegen lässt.

Eine klare Rasenkante oder eine dezente Einfassung aus Metall, Stein oder Naturmaterialien sorgt dafür, dass das Beet sauber und ordentlich wirkt. Gleichzeitig erleichtert die Rasenkante die Pflege, da Rasen und Beet klar voneinander getrennt bleiben.

MERKMALE EINES INSELBEETS

- FREISTEHENDE LAGE: Es liegt mitten im Rasen oder Garten und ist von allen Seiten sichtbar.
- RUNDUMWIRKUNG: Die Bepflanzung ist nach allen Seiten hin möglich.
- GESTALTERISCHER BLICKFANG: Es dient als zentrales Gestaltungselement und zieht den Blick auf sich.

Ein Inselbeet schafft Struktur im Garten.

SAUMBEET

Das Saumbeet, auch Randbeet genannt, erstreckt sich entlang fester Begrenzungen wie Mauern, Zäunen, Wegen oder Terrassen. Es bildet den äußeren Rahmen des Gartens und kommt daher in Gärten am häufigsten vor. Diese Beetart stellt oft eine besondere Herausforderung dar, da Saumbeete weder durchgehend sonnig noch vollständig schattig sind. Die Lichtverhältnisse wechseln meist innerhalb des Beetes je nach Tageszeit oder angrenzender Bepflanzung, was eine gezielte Pflanzenauswahl besonders wichtig macht.

MERKMALE EINES SAUMBEETS

- ÄSTHETISCHER RAHMEN: Das Saumbeet fasst Gartenbereiche optisch zusammen und sorgt für harmonische Übergänge.
- GESTUFTER AUFBAU: Es wird meist mit niedrigen bis mittelhohen Pflanzen bepflanzt, die sich von vorne nach hinten staffeln.
- GANZJAHRESWIRKUNG: Eine Kombination aus Blühpflanzen, Gräsern und immergrünen Arten sorgt das ganze Jahr über für Struktur.
- PFLEGELEICHT: Durch eine dichte Bepflanzung wird der Unkrautwuchs reduziert und der Boden bleibt geschützt.

Tipp

Lege deine Saumbeete nicht in gerader Linie an, sondern arbeite mit geschwungenen Formen. Sanfte Bögen wirken natürlicher und so werden selbst kleine Flächen lebendiger und abwechslungsreicher. Darüber hinaus entsteht auf diese Weise mehr Pflanzfläche.

Geschwungene Formen sorgen für mehr Leichtigkeit im Garten.

BLÜHSTREIFEN

Blühstreifen sind nicht nur etwas für landwirtschaftliche Felder, sondern können auch im eigenen Garten Wunder wirken. Ein Blühstreifen rund um den Gemüsegarten, wie zum Beispiel bei mir entlang der Hochbeete, bringt Farbe, Leben und vor allem eins: jede Menge Nützlinge. Bienen, Hummeln, Schwebfliegen oder Marienkäfer finden hier Nahrung, Lebensraum und Rückzugsorte.

MERKMALE DES BLÜHSTREIFENS

- VIELFALT AN BLÜTENPFLANZEN: Ein- und mehrjährige Arten blühen über einen langen Zeitraum hinweg.
- FÖRDERUNG DER ARTENVIELFALT: Seine Pflanzen bieten Bienen, Schmetterlingen und anderen Nützlingen Nahrung und Lebensraum.
- OPTISCHER MEHRWERT: Er sorgt für farbenfrohe Akzente im Garten.

Tipp

Ein guter Blühstreifen enthält eine Mischung aus einjährigen und mehrjährigen Arten. Achte dabei auf eine lange Blühdauer von Frühling bis Herbst, indem du verschiedene Sorten mit gestaffelten Blühzeiten kombinierst.

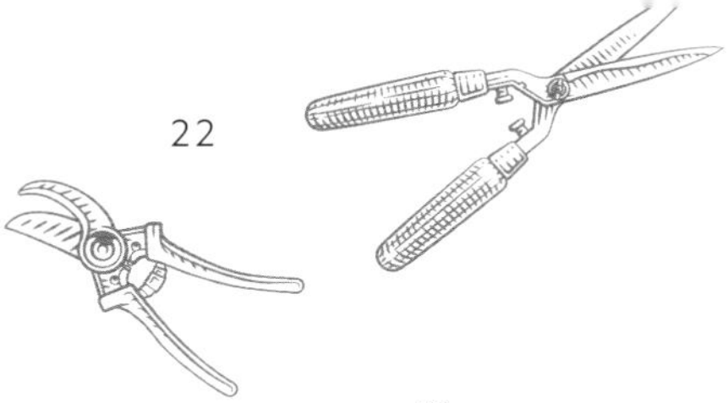

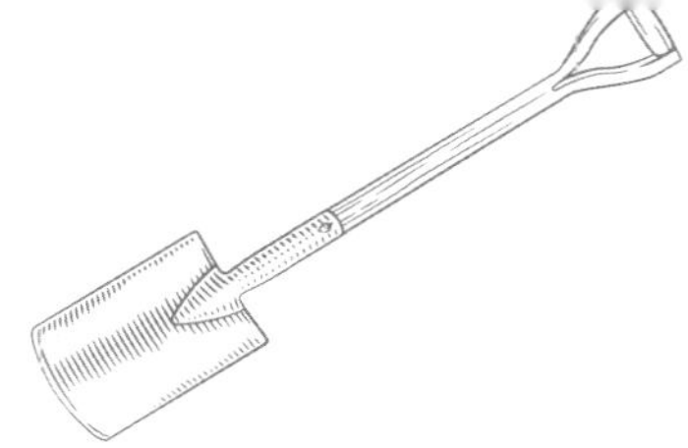

UTENSILIEN FÜR DIE GARTENARBEIT

Auch im kleinen Gemüsegarten mit Hochbeeten ist das richtige Handwerkszeug unverzichtbar. Denn wer regelmäßig pflanzt, jätet, gräbt oder erntet, merkt schnell: Mit gutem Werkzeug geht alles leichter von der Hand und es macht obendrein mehr Freude.

Die gute Nachricht: Du brauchst keine ganze Werkstatt. Schon ein paar ausgewählte Helfer reichen aus, um deinen Garten effizient und mit Spaß zu pflegen. Hier stelle ich dir die wichtigsten Gartenwerkzeuge vor, die mir die Arbeit im Beet erleichtern.

GARTENHANDSCHUHE

Für mich sind Gartenhandschuhe ein Muss, denn sie schützen nicht nur vor Erde, Blasen und Dornen, sondern machen viele Arbeiten im Beet angenehmer und sicherer. Gerade beim Arbeiten mit giftigen Pflanzen wie der Wolfsmilch, ist das Tragen von Handschuhen unerlässlich, da ihr Pflanzensaft Hautreizungen verursachen kann.

HANDSCHAUFEL

Ob zum Einpflanzen, Umsetzen von Jungpflanzen oder Portionieren von Kompost: Eine gute Pflanzschaufel gehört zur Grundausstattung jedes Hobbygärtners und jeder Hobbygärtnerin. Ich achte darauf, dass sie gut in der Hand liegt, nicht verbiegen kann und idealerweise eine schmale, leicht gebogene Schaufelform hat, um auch in engen Pflanzabständen gut arbeiten zu können.

GARTENSCHERE

Eine gute Gartenschere ist bei mir täglich im Einsatz – ob für den Rückschnitt, die Ernte oder das Ausputzen verwelkter Blüten. Ergänzend zur klassischen Gartenschere kann ich dir noch eine spezielle Staudenschere empfehlen. Die ist in den Sommermonaten Gold wert.

GRUBBER

Den Grubber verwende ich besonders häufig im Garten, denn er ist zum Auflockern der oberen Erdschicht und zum Entfernen von Laub oder leichtem Unkraut geeignet. Ein Grubber ist ideal, um die Bodenstruktur zu verbessern, ohne dabei tief umzugraben. Die aufgelockerte Erde erleichtert den Pflanzen die Wasseraufnahme und dient der Belüftung der Wurzeln.

KNIEKISSEN

Etwas, was hier jeden Tag im Einsatz ist – mein geliebtes Kniekissen! Damit ist das Arbeiten im Garten komfortabel und sauber, sei es beim Pflanzen, Jäten oder Ernten.

PFLANZHOLZ

Das Pflanzholz benutze ich zum Vorbohren von kleinen Löchern wie bei der Aussaat von Radieschen im Beet. Es hilft auch beim Setzen von Jungpflanzen mit empfindlichen Wurzeln. Ist kein Muss, aber superpraktisch!

UNKRAUTSTECHER

Mit einem gezielten Stich lässt sich selbst tiefwurzelndes Unkraut wie Löwenzahn mühelos entfernen, und auch vor Hochbeeten macht das Unkraut keinen Halt. Ein guter Unkrautstecher dringt tief in

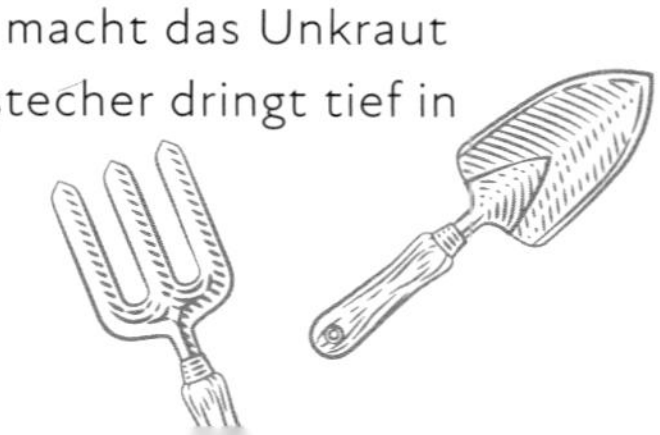

die Erde ein und hilft dabei, die Wurzel möglichst vollständig zu entfernen, damit das Unkraut nicht erneut austreibt.

BODENTHERMOMETER

Dieses Werkzeug ist nicht zwingend notwendig, aber insbesondere im Frühjahr im Gemüsegarten hilfreich. Es zeigt an, ob der Boden warm genug für die erste Pflanzung ist. Im Hochbeet ist die Erde von Natur aus wärmer als im Freiland und die Anbauperiode kann damit früher beginnen.

Welche Bodentemperatur für den Anbau benötigt wird, ist vom jeweiligen Gemüse abhängig:

- Kälteunempfindliche Frühstarter (z. B. Erbse, Radieschen, Spinat): 5–8°C
- Mittelwarme Kulturen (z. B. Kohlrabi, Salat): 8–10°C
- Wärmeliebende Kulturen (Gurke, Kürbis, Zucchini): 12–15°C
- Sehr wärmebedürftige Kulturen (Aubergine, Chili, Paprika, Süßkartoffel, Tomate): 15–20°C

Pflanzschilder aus Schieferplatten kann man immer wieder neu beschriften.

BASICS FÜR DIE ANZUCHT

Theoretisch kannst du mit der eigenen Anzucht sofort loslegen und genau das ist das Schöne. Damit dir der Einstieg noch leichter fällt und du schnell erste Erfolge siehst, habe ich dir ein paar bewährte Tipps zusammengestellt.

WARUM SELBST VORZIEHEN?

Der größte Vorteil der eigenen Anzucht ist die Sortenvielfalt. Im Handel bekommst du meist nur eine Handvoll Jungpflanzen. Wenn du deine Pflanzen selbst säst, kannst du auf alte, regionale oder seltene Sorten zurückgreifen, die besonders aromatisch, robust oder schön sind. Zudem lässt sich der Anbauzeitpunkt besser steuern: Früh angezogene Pflanzen liefern frühere Erträge oder eine längere Blütezeit.

WIE STARTE ICH MEINE EIGENE ANZUCHT?

Beginne klein und entscheide dich für Sorten, die du auch wirklich gerne isst. Konzentriere dich auf wenige Pflanzen und kümmere dich lieber gut um sie. In meinen ersten Anbaujahren habe ich immer viel zu viel ausgesät und dann hat man auf einmal mehr Pflanzen als Platz.

Tipp

Säe vier Samen pro Töpfchen und die stärksten drei Pflänzchen kommen dann später in größere Töpfe. Überzählige Pflanzen kann man verschenken, denn irgendjemand freut sich immer darüber.

CHECKLISTE:

Bevor du loslegst, lohnt sich ein kurzer Check:

- **Licht:** helles Fensterbrett, möglichst Südseite oder Pflanzenlampe
- **Wärme:** Viele Samen keimen bei 18–24 °C, daher sind Anzuchtschalen mit Haube oder ein beheizbares Zimmergewächshaus ideal.
- **Erde:** Feine, lockere, nährstoffarme Anzuchterde, damit die Keimlinge starke Wurzeln bilden.
- **Gefäße:** saubere Töpfchen, Multitopfplatten oder wiederverwendbare Schalen
- **Beschriftung:** Etiketten nicht vergessen! Viele Keimlinge sehen sich ähnlich.

Ich empfehle dir, ab März mit der Anzucht zu beginnen. Ab diesem Monat benötigst du kein zusätzliches Equipment wie künstliches Pflanzenlicht oder Wärmematten. Pflanzen mit besonders langer Entwicklungszeit, wie die Physalis, profitieren zwar von einer sehr frühen Aussaat im Januar oder Februar, lassen sich aber auch im März noch erfolgreich vorziehen. Und falls du dir die frühe Anzucht sparen möchtest, findest du später in vielen Gärtnereien bereits kräftige Physalispflanzen für den Garten.

WAS BRAUCHE ICH FÜR DIE ANZUCHT?

Für den Start reicht eine einfache Ausstattung: Samen, Anzuchterde und kleine Töpfe. Besonders wichtig ist die richtige Erde. Verwende unbedingt Anzuchterde, denn sie ist locker, fein und nur schwach gedüngt. Herkömmliche Blumen- oder Gemüseerde enthält zu viele Nährstoffe für deine empfindlichen Setzlinge.

Tipp Um Trauermücken von Anfang an von deinen Pflänzchen fernzuhalten, stelle Gelbtafeln neben den Anzuchttöpfen auf.

Erdbeerschalen lassen sich wunderbar als kleine Aussaatgefäße wiederverwenden.

LICHT- ODER DUNKELKEIMER?

Bei der Aussaat von Samen ist es wichtig zu wissen, ob es sich um einen Licht- oder Dunkelkeimer handelt.

Lichtkeimer brauchen zum Keimen Licht. Die Samen darfst du nicht oder nur dünn (ca. 5 mm) mit Erde bedecken. Zu den Lichtkeimern zählen viele feine Samen wie die von Basilikum, Salat, Karotte und Löwenmäulchen.

Dunkelkeimer benötigen vollständige Dunkelheit zum Keimen. Die Samen solltest du etwa zwei- bis dreimal so tief setzen, wie sie dick sind, und gut mit Erde bedecken. Dazu gehören Bohnen (Saattiefe maximal 2–3 cm), Erbsen, Radieschen, Zucchini oder auch Zinnien.

Aussaat-Tipps für Lichtkeimer:

- Samen auf die feinkrümelige, gut vorbereitete Erde aufstreuen.
- Im Beet mit einem Brett leicht andrücken, damit Bodenschluss entsteht.
- Nicht oder nur leicht mit Erde bedecken oder mit Sand übersieben.
- Erde feucht, aber nicht nass halten und am besten mit einer Sprühflasche gießen.

Aussaat-Tipps für Dunkelkeimer:

- Samen um die zwei- bis dreifache Samendicke tief in die Erde legen.
- Locker mit feiner Erde bedecken und die Erde leicht andrücken.
- Feucht halten, aber Staunässe vermeiden.
- Wärme, durch eine Folie oder ein Vlies auf der Erde, kann die Keimung bei vielen Dunkelkeimern fördern.

Tipp

Auf den meisten Samentütchen findest du einen Hinweis, ob es sich um Licht- oder Dunkelkeimer handelt. Im nächsten Kapitel habe ich dir diese Information auch bei vielen Obst-, Gemüse- und Schnittblumensorten notiert.

WANN MUSS ICH PIKIEREN?

Sobald die Sämlinge ihr zweites Blattpaar gebildet haben, können sie pikiert, also vereinzelt werden. Dazu setzt man sie aus der Aussaaterde in nährstoffreichere Gemüseerde um. Ein Pikierstab ist dafür hilfreich, eine Gabel funktioniert aber genauso. Bis zur Auspflanzung bleiben die Pflanzen in größeren Töpfen. Wichtig ist, die Setzlinge nur an den Blättern anzufassen, da der Stiel in diesem Stadium sehr empfindlich ist und bei Verletzung oft zum Absterben der Pflanze führt. Ein beschädigtes Blatt ist dagegen unproblematisch.

WANN DÜRFEN JUNGPFLANZEN INS FREILAND?

Bevor deine selbst gezogenen Jungpflanzen ins Beet oder auf den Balkon umziehen dürfen, brauchen sie eine wichtige Vorbereitung: das Abhärten. Denn draußen herrschen andere Bedingungen als im geschützten Innenraum. Neben Wind, Temperaturschwankungen und Regen ist für die zarten Pflanzen auch die Sonne am Anfang eine Herausforderung. Ohne vorherige Gewöhnung kann es zu Sonnenbrand, Wachstumsstörungen oder sogar zum Eingehen deiner Jungpflanzen kommen.

SCHRITT FÜR SCHRITT ABHÄRTEN – SO GEHST DU VOR:

Tag 1–3	Die Pflanzen halbschattig ins Freie stellen, sie dort nur für wenige Stunden stehen lassen und abends wieder ins Haus holen.
Tag 4–6	Den Pflanzen etwas direkte Sonne erlauben, sie aber weiterhin über Nacht ins Haus holen.
Tag 7–10	Die Pflanzen tagsüber länger draußen stehen lassen und sie nur dann hereinholen, wenn die Temperatur unter 10 °C fällt.
Nach 10 Tagen	Die nun abgehärteten Pflanzen dauerhaft ins Beet setzen.

Fasse die Jungpflanzen nur vorsichtig an ihren Blättern und nicht am Stiel an.

MISCHKULTUR

Basilikum und Tomate passen nicht nur in der Küche hervorragend zusammen, sondern auch im Beet. In diesem Kapitel erfährst du, warum das so ist.

Die Mischkultur ist eine der ältesten Gartenmethoden der Welt und deren Anwendung kann in unseren heutigen Gemüsegärten sehr nützlich sein. Sie beruht auf dem Prinzip, dass bestimmte Pflanzen sich gegenseitig im Wachstum fördern, Schädlinge abwehren oder sich im Nährstoffhaushalt ergänzen.

WARUM MISCHKULTUR?

In der Natur gibt es keine Beete mit lauter Tomaten oder Reihen ausschließlich aus Karotten. Vielfalt ist überlebenswichtig: Sie stabilisiert das Ökosystem, lockt Nützlinge an, kann Krankheitsausbrüche verhindern und sorgt für ein dynamisches Bodenleben. Im Gemüsegarten funktioniert das ähnlich. Mischkultur bietet zahlreiche Vorteile:

Mischkultur im Beet macht auch optisch was her.

NATÜRLICHER PFLANZENSCHUTZ:
Pflanzen können Duftstoffe abgeben, die Schädlinge fernhalten.
Beispiel: Zwiebeln vertreiben die Karottenfliege

EFFIZIENTERE NÄHRSTOFFNUTZUNG:
Tief- und Flachwurzler ergänzen sich gut, weil sie unterschiedliche Bodenschichten nutzen.
Beispiel: Salat und Karotten

VERBESSERUNG DES BODENKLIMAS:
Bodendecker halten den Boden feucht, kühl und unkrautfrei.
Beispiel: Kürbis zwischen Mais

WENIGER KRANKHEITSDRUCK:
Verschiedene Pflanzen im Beet bremsen die Ausbreitung von Krankheiten.
Beispiel: Basilikum schützt Tomaten vor Mehltau.

FÖRDERUNG VON NÜTZLINGEN:
Blühpflanzen ziehen Bestäuber und andere nützliche Insekten an.
Beispiel: Ringelblumen im Gemüsebeet

SO GELINGT MISCHKULTUR

Bei der Mischkultur im eigenen Gemüsegarten ist Planung alles. Mit den folgenden Tipps gelingt dir der Einstieg in die Mischkultur aber ganz leicht.

Bei der Mischkultur ist die richtige Planung sehr wichtig.

TIPP 1: ACHTE AUF DIE FRUCHTFOLGE

Damit dein Boden langfristig fruchtbar bleibt, solltest du jedes Jahr Stark-, Mittel- und Schwachzehrer im Beet abwechseln. So verhinderst du, dass der Boden einseitig ausgelaugt wird und beugst Krankheiten vor. Auf starkzehrende Pflanzen wie Kohl oder Tomaten folgen im nächsten Jahr Mittelzehrer wie Karotten oder Spinat und anschließend Schwachzehrer wie Erbsen oder Salat. Auf den Seiten 32 und 33 findest du weitere Informationen dazu.

TIPP 2: PLANE DEINE BEETE MIT SYSTEM

Eine gute Mischkultur braucht Struktur. Überlege dir im Voraus, welche Pflanzen gut miteinander harmonieren und sogenannte „Gute Nachbarn“ sind. Die Tabelle auf Seite 31 kann dir dabei helfen. Achte darauf, dass sie sich nicht gegenseitig Licht oder Platz wegnehmen. Du kannst sie entweder in Reihen setzen oder kleinere Gruppen anlegen. Kombiniere zum Beispiel hohe Pflanzen wie Mais mit bodendeckenden Arten wie Kürbis, denn so nutzt du den Raum optimal.

TIPP 3: HALTE DIE RICHTIGEN PFLANZABSTÄNDE EIN

Auch in der Mischkultur braucht jede Pflanze ihren eigenen Platz. Zu enge Pflanzungen erschweren die Luftzirkulation und fördern Pilzkrankheiten. Achte also darauf, dass Wurzeln und Blätter genügend Raum haben, um sich zu entfalten. Gesunde Pflanzen mit ausreichend Platz wachsen kräftiger und liefern dir eine bessere Ernte.

TIPP 4: BAUE BLÜHPFLANZEN MIT EIN

Blühende Pflanzen wie Ringelblumen, Studentenblumen oder Kapuzinerkresse sind in der Mischkultur echte Alleskönner. Sie sehen nicht nur hübsch aus, sondern locken auch Nützlinge wie Bienen, Hummeln oder Marienkäfer an. Diese bestäuben dein Gemüse oder halten Schädlinge in Schach. Manche Blühpflanzen wirken zudem abschreckend auf Blattläuse oder Nematoden und das ganz ohne Chemie. Und eine wunderschöne Deko auf dem Teller sind sie auch noch.

TIPP 5: BEOBACHTE DEINEN GARTEN UND LERNE DAZU

Jeder Garten ist einzigartig, und was bei mir gut funktioniert, muss bei dir nicht automatisch genauso gut funktionieren. Beobachte, welche Pflanzenkombinationen bei dir gut funktionieren und welche weniger harmonieren. Halte deine Erfahrungen in einem Gartentagebuch fest oder mache regelmäßig Fotos von deinen Beeten, um deine Planung von Jahr zu Jahr zu verbessern.

In der folgenden Tabelle findest du eine kleine Auswahl an Obst- und Gemüsearten mit ihren guten und schlechten Nachbarn im Garten. Ein kurzer Blick genügt, und du weißt sofort, welche Pflanzen gut zusammen ins Hochbeet passen und welche du besser in getrennten Beeten unterbringst.

GEMÜSE	GUTE NACHBARN	SCHLECHTE NACHBARN
Aubergine	Bohne, Knoblauch, Lauch, Spinat, Zwiebel	Chili, Kartoffel, Tomate
Bohne	Erdbeere, Gurke, Kartoffel, Kohl, Rote Bete, Salat, Sellerie	Erbse, Knoblauch, Lauch, Zwiebel
Erbse	Gurke, Karotte, Kohl, Radieschen, Salat, Zucchini	Bohne, Kartoffel, Knoblauch, Lauch, Tomate, Zwiebel
Erdbeere	Bohne, Knoblauch, Lauch, Radieschen, Salat, Spinat, Zwiebel	Kohl
Gurke	Bohne, Erbse, Kohl, Lauch, Mais, Salat	Kartoffel, Tomate, Zucchini
Karotte	Erbse, Knoblauch, Lauch, Radieschen, Salat, Tomate, Zwiebel	Dill, Kartoffel, Rote Bete, Sellerie
Kartoffel	Bohne, Kohl, Mais, Spinat	Erbse, Kürbis, Rote und Gelbe Bete, Sellerie, Tomate
Knoblauch	Erdbeere, Gurke, Karotte, Tomate, Rote Bete	Bohne, Erbse
Kohl	Bohne, Kartoffel, Lauch, Mangold, Salat, Sellerie, Rote Bete, Tomate	Erdbeere, Knoblauch, Radieschen, Zwiebel
Lauch	Erdbeere, Karotte, Kohl, Salat, Sellerie, Tomate	Bohne, Erbse, Rote Bete
Mais	Bohne, Gurke, Kürbis, Salat	Rote Bete, Sellerie, Tomate, Zucchini
Mangold	Bohne, Karotte, Kohl, Radieschen	Rote Bete, Sellerie, Spinat
Paprika	Bohne, Erbse, Knoblauch, Salat, Spinat, Zwiebel	Aubergine, Gurke, Kartoffel
Radieschen	Bohne, Erbse, Karotte, Mangold, Salat, Spinat, Tomate	Gurke, Kartoffel, Kohl
Rote & Gelbe Bete	Buschbohne, Gurke, Kohl, Salat, Zucchini, Zwiebel	Kartoffel, Lauch, Mais, Mangold, Spinat
Salat	Bohne, Erbse, Erdbeere, Gurke, Karotte, Kohl, Lauch, Mais, Radieschen	Petersilie, Sellerie
Sellerie	Bohne, Gurke, Kohl, Lauch, Tomate	Karotte, Kürbis, Mais, Mangold
Spinat	Bohne, Erdbeere, Kohl, Radieschen, Salat, Tomate	Mangold, Rote Bete
Tomate	Basilikum, Bohne, Karotte, Knoblauch, Kohl, Lauch, Radieschen, Salat	Erbse, Gurke, Kartoffel, Zucchini
Zucchini	Buschbohne, Rote Bete, Zwiebel	Gurke, Kartoffel, Kürbis, Mais, Tomate
Zwiebel	Erdbeere, Gurke, Karotte, Rote Bete, Salat	Bohne, Erbse, Kohl

FRUCHTFOLGE

Ein gesunder Gemüsegarten lebt von einem ausgewogenen Zusammenspiel aus Düngung und Fruchtfolge. Wenn du Gemüse im Garten anbaust, solltest du sie nach ihrem Nährstoffbedarf unterscheiden. Man spricht von Starkzehrern, Mittelzehrern und Schwachzehrern. Diese Einteilung hilft, den Boden gezielt zu versorgen, die Fruchtfolge sinnvoll zu planen und Überdüngung zu vermeiden.

Damit der Boden langfristig fruchtbar bleibt, ist eine gute Fruchtfolge entscheidend. Im ersten Jahr setzt man die Starkzehrer ins Beet, die durch eine kräftige Düngung optimal versorgt werden. Im zweiten Jahr folgen die Mittelzehrer, die den Boden weniger beanspruchen und mit leichter Düngung auskommen. Im dritten Jahr sind die Schwachzehrer an der Reihe, die fast ohne Dünger gedeihen.

STARKZEHRER

Starkzehrer sind Pflanzen, die sehr viele Nährstoffe, vor allem Stickstoff, benötigen. Sie wachsen meist schnell, bilden große Blätter oder Früchte und entziehen dem Boden viele Reserven. Die Starkzehrer solltest du unbedingt regelmäßig düngen, um eine große Ernte zu erhalten, und sie haben außerdem einen hohen Wasserbedarf.

PFLEGE

Woche 0 (Pflanzung): 3–5 Liter Kompost pro Quadratmeter einarbeiten
Woche 3–4: Düngung mit einem organischem Flüssigdünger oder Brennnesseljauche
Woche 9–10: zweite Düngung
Danach: alle zwei Wochen leicht düngen

MITTELZEHRER

Mittelzehrer brauchen eine mittlere Menge an Nährstoffen. Sie wachsen gut auf Böden, die im Vorjahr für Starkzehrer gedüngt wurden.

PFLEGE

Woche 0 (Pflanzung): 1–2 Liter Kompost pro Quadratmeter einarbeiten
Woche 5–6: Düngung mit einem organischem Flüssigdünger oder Brennnesseljauche
Woche 9–10: zweite Düngung
Danach: ein bis zwei Nachdüngungen reichen in der kompletten Saison aus

SCHWACHZEHRER

Schwachzehrer brauchen nur wenige Nährstoffe. Sie gedeihen am besten auf Böden, die im Vorjahr für Stark- oder Mittelzehrer genutzt wurden. Eine Düngung schadet hier schnell mehr, als dass sie nützt.

PFLEGE

Woche 0 (Pflanzung): 0,5–1 Liter Kompost pro Quadratmeter einarbeiten

Danach: keine weitere Düngung nötig

PFLANZENFAMILIEN

Neben dem Wechsel von Stark-, Mittel- und Schwachzehrern ist es wichtig, auf die Pflanzenfamilien zu achten. Vor allem Kreuzblütler und Hülsenfrüchtler sollten frühestens nach drei bis vier Jahren wieder am gleichen Standort angebaut werden. Das verhindert, dass sich krankheitserregende Keime im Boden festsetzen. Wenn du nämlich Pflanzen vier Jahre pausieren lässt, dann verhungern viele Krankheitserreger und Schädlinge im Boden, weil ihr Wirt fehlt.

GEMÜSE	NÄHRSTOFFBEDARF	PFLANZENFAMILIE	ANBAUPAUSE
Aubergine	Starkzehrer	Nachtschattengewächse (Solanaceae)	4 Jahre
Bohne	Schwachzehrer	Hülsenfrüchtler (Fabaceae)	2–3 Jahre
Erbse	Schwachzehrer	Hülsenfrüchtler (Fabaceae)	4–6 Jahre
Erdbeere	Mittelzehrer	Rosengewächse (Rosaceae)	3–4 Jahre
Gurke	Starkzehrer	Kürbisgewächse (Cucurbitaceae)	4 Jahre
Karotte	Mittelzehrer	Doldenblütler (Apiaceae)	3–4 Jahre
Kartoffel	Starkzehrer	Nachtschattengewächse (Solanaceae)	4 Jahre
Knoblauch	Schwachzehrer	Zwiebelgewächse (Alliaceae)	2–3 Jahre
Kohl	Starkzehrer	Kreuzblütler (Brassicaceae)	4 Jahre
Lauch	Starkzehrer	Zwiebelgewächse (Alliaceae)	4 Jahre
Mais	Starkzehrer	Süßgräser (Poaceae)	4 Jahre
Mangold	Mittelzehrer	Fuchsschwanzgewächse (Amaranthaceae)	3–4 Jahre
Paprika	Starkzehrer	Nachtschattengewächse (Solanaceae)	4 Jahre
Radieschen	Schwachzehrer	Kreuzblütler (Brassicaceae)	4 Jahre
Rote & Gelbe Bete	Mittelzehrer	Fuchsschwanzgewächse (Amaranthaceae)	3–4 Jahre
Salat	Mittelzehrer	Korbblütler (Asteraceae)	3–4 Jahre
Sellerie	Starkzehrer	Doldenblütler (Apiaceae)	3–4 Jahre
Spinat	Mittelzehrer	Fuchsschwanzgewächse (Amaranthaceae)	3–4 Jahre
Tomate	Starkzehrer	Nachtschattengewächse (Solanaceae)	4 Jahre
Zucchini	Starkzehrer	Kürbisgewächse (Cucurbitaceae)	4 Jahre
Zwiebel	Schwachzehrer	Zwiebelgewächse (Alliaceae)	2–3 Jahre

LEGENDE

- Sorte
- Licht- oder Dunkelkeimer
- Keimdauer
- Stark-, Mittel- oder Schwachzehrer
- Gute Nachbarn
- Schlechte Nachbarn
- Standort
- ein-, zwei- oder mehrjährig
- insektenfreundlich
- Pflanztiefe

Monatliche Aussaaten

JANUAR

VORANZUCHT

NUTZPFLANZEN

Artischocke, Aubergine, Chili, Lauch, Physalis, Rotkohl, Weißkohl (unter Kunstlicht oder auf Südfensterbank)

BLUMEN

Levkoje, Löwenmäulchen (unter Kunstlicht oder auf Südfensterbank)

TO-DOS

SÜSSKARTOFFEL VORZIEHEN FÜR STECKLINGE

Im Januar lässt sich eine Süßkartoffel vorziehen, indem man sie mit Zahnstochern über ein Glas Wasser hängt, sodass das untere Drittel im Wasser steht. Bei 20–24 °C bilden sich Wurzeln und Triebe.

ARTISCHOCKE

Cynara cardunculus var. scolymus

- 'Imperial Star' (blüht schon im ersten Jahr)
- Dunkelkeimer
- 10–21 Tage
- Starkzehrer
- Fenchel
- Knoblauch, Schnittlauch, Sellerie, Zwiebel
- vollsonnig und gerne windgeschützt

TIPP Artischocken eignen sich als Gemüse und als Schnittblume. Geschlossene Knospen sind essbar, geöffnete Blüten dagegen ein Blickfang, der Insekten anzieht.

AUBERGINE

Solanum melongena

- 'Black Beauty'
- Dunkelkeimer
- 14–28 Tage
- Starkzehrer
- Bohne, Knoblauch, Lauch, Spinat, Zwiebel
- Chili, Kartoffel, Physalis, Tomate
- sonnig und gerne windgeschützt

TIPP Vor dem Kochen die Aubergine erst einmal mit Salz bestreuen, damit sie auswässert. So schmeckt sie viel intensiver und auch deutlich leckerer.

CHILI

Capsicum annuum

'De Cayenne'

Dunkelkeimer

14–21 Tage

Starkzehrer

Bohne, Erdbeere, Kohl, Salat, Zwiebel

Aubergine, Kartoffel, Tomate

sonnig und warm

TIPP

Wenn du deine Chilis richtig schön scharf haben möchtest, dann solltest du deinen Pflanzen das Wasser entziehen, also sie weniger gießen. So gerät sie in Stress und produziert mehr Capsaicin.

PHYSALIS, ANDENBEERE

Physalis peruviana

'Schönbrunner Gold'

Lichtkeimer

7–14 Tage

Starkzehrer

Bohne, Erdbeere, Kohl, Salat, Zwiebel

Aubergine, Chili, Kartoffel, Paprika, Tomate

sonnig und warm

TIPP

Viele verwechseln die *Physalis peruviana* mit der *Physalis alkekengi* (Lampionblume). Letztere ist nicht essbar, aber dafür eine großartige Deko im Herbst und kann gut als Schnittblume angebaut werden.

ROTKOHL

Brassica oleracea var. capitata

- 'Granat'
- Dunkelkeimer
- 6–12 Tage
- Starkzehrer
- Bohne, Sellerie, Spinat, Tomate
- Erdbeere, Kohl, Paprika, Zwiebel
- sonnig bis halbschattig

TIPP

Damit sich keine Schädlinge über deinen Rotkohl hermachen, solltest du ihn direkt von Anfang an mit feinmaschigen Kulturschutznetzen schützen.

GARTEN-LEVKOJE

Matthiola incana

- 'Hot Cakes'
- Lichtkeimer
- 7–14 Tage
- Schwachzehrer
- einjährig
- sonnig und windgeschützt
- insektenfreundlich (Sorten mit ungefüllten Blüten)

TIPP

Levkojen bilden nur einen Stiel aus, daher solltest du für einen Strauß genügend Samen aussäen.

GROSSES LÖWENMÄULCHEN

Antirrhinum majus

- 'Madame Butterfly'
- Lichtkeimer
- 14–21 Tage
- Schwachzehrer
- einjährig
- sonnig
- insektenfreundlich

TIPP

Im getrockneten Zustand können die Samenkapseln wie Totenköpfe aussehen und werden daher gerne für die Halloween-Dekoration verwendet.

FEBRUAR

VORANZUCHT

NUTZPFLANZEN

Artischocke, Aubergine, Blumenkohl, Brokkoli, Chili, Kohlrabi, Lauch, Paprika, Physalis, Rosenkohl, Rotkohl, Schnittlauch, Sellerie, Tomate, Weißkohl (unter Kunstlicht oder auf Südfensterbank)

BLUMEN

Levkoje, Löwenmäulchen, Lupine, Wicke (unter Kunstlicht oder auf Südfensterbank)

DIREKTSAAT

NUTZPFLANZEN

Dicke Bohne, Karotte, Winterpostelein

TO-DOS

PFLANZKARTOFFELN VORKEIMEN

Lege Pflanzkartoffeln ab Ende Februar in Eierkartons so, dass die „Augen“ nach oben zeigen, und stelle sie bei 10–15 °C auf eine helle Fensterbank. Nach vier Wochen haben sich kurze, kräftige Keime gebildet und die Knollen sind bereit zum Auspflanzen.

INGWER ANZIEHEN

Lege ein frisches Stück Bio-Ingwer mit sichtbaren „Augen“ flach in einen Topf mit Erde und bedecke es nur dünn. Halte den Topf warm bei etwas 20–25 °C und vor allem gleichmäßig feucht, bis sich nach einigen Wochen grüne Triebe zeigen, die dann weiter zu einer ganzen Pflanze heranwachsen.

ANEMONEN UND RANUNKELN VORZIEHEN

Lege die Knollen von Anemonen und Ranunkeln vor dem Pflanzen ein paar Stunden in lauwarmes Wasser, damit sie quellen. Setze sie anschließend in Töpfe mit lockerer Erde, stelle sie dunkel und kühl.

BLUMENKOHL

Brassica oleracea var. botrytis

- ‘Neckarperle’
- Dunkelkeimer
- 5–10 Tage
- Starkzehrer
- Buschbohne, Erbse, Rote Bete, Salat, Spinat
- Knoblauch, Kohl, Zwiebel
- sonnig bis halbschattig

TIPP

Wenn sich der Kopf bildet, breche zwei bis drei große Außenblätter vorsichtig ab und lege sie über den Kopf. Das schützt ihn vor zu viel Sonne und so bleibt er weiß und zart.

BROKKOLI

Brassica oleracea var. italica

- 'Ramoso Calabrese'
- Dunkelkeimer
- 6–10 Tage
- Starkzehrer
- Bohne, Sellerie, Tomate
- Kohl, Radieschen, Rettich, Zwiebel
- sonnig bis halbschattig

TIPP

Wenn man den Brokkoli beerntet hat, wachsen kleine Köpfe nach.

DICKE BOHNE

Vicia faba

- 'Hangdown Grünkernig'
- Dunkelkeimer (2–3 cm Saattiefe)
- 7–21 Tage
- Schwachzehrer
- Gurke, Kartoffel, Kohl, Salat, Sellerie, Spinat
- Bohne, Erbse
- sonnig bis halbschattig

TIPP

Bohnen reichern den Boden mit Stickstoff an. Nach der Ernte profitieren besonders Starkzehrer wie Kohl von den verbesserten Nährstoffbedingungen im Boden.

ERBSE

Pisum sativum

- 'Ambassador'
- Dunkelkeimer
- 7–14 Tage
- Schwachzehrer
- Gurke, Karotte, Kohl, Salat, Spinat
- Bohne, Kartoffel, Knoblauch, Tomate, Zwiebel
- sonnig bis halbschattig

TIPP

Erbsen brauchen direkt nach dem Austrieb eine Rankhilfe, auch niedrig wachsende Sorten.

KOHLRABI

Brassica oleracea

'Azur Star' (violett), 'Superschmelz' (weiß)

Dunkelkeimer

7–14 Tage

Mittelzehrer

Bohne, Erbse, Kartoffel, Lauch, Salat, Sellerie, Spinat, Tomate

Erdbeere, Knoblauch, Zwiebel

sonnig bis halbschattig

TIPP

Achte darauf, Kohlrabi nicht zu tief zu setzen, denn nur so kann sich die Knolle optimal ausbilden.

KAROTTE

Daucus carota

'Rothild' und 'Pariser Markt' (auf dem Balkon)

Lichtkeimer

14–21 Tage

Mittelzehrer

Erbse, Knoblauch, Radieschen, Salat, Zwiebel

Kartoffel, Rote Bete, Sellerie

sonnig bis halbschattig

TIPP

Probiere Radieschen und Karotten in einer Reihe zusammen anzubauen. Radieschen markieren die langsam keimende Karottenreihe und lockern zugleich den Boden, sodass die Karotten danach mehr Platz und bessere Wachstumsbedingungen haben.

SCHNITTLAUCH

Allium schoenoprasum

'Nelly'

Dunkelkeimer

14–21 Tage

Schwach- bis Mittelzehrer

Erdbeere, Karotte, Salat, Tomate

Bohne, Erbse, Mediterrane Kräuter, Petersilie

sonnig bis halbschattig

TIPP

Mehrfaches bodennahes Schneiden im Laufe der Saison regt beim Schnittlauch den frischen Austrieb an.

SOMMERLAUCH

Allium porrum

- 'Hilari'
- Dunkelkeimer
- 15–20 Tage
- Starkzehrer
- Erdbeere, Karotte, Kohl, Tomate
- Bohne, Erbse, Rote Bete, Spinat
- sonnig

PAPRIKA

Capsicum annuum

- 'Yolo Wonder'
- Dunkelkeimer
- 10–14 Tage
- Starkzehrer
- Bohne, Erbse, Knoblauch, Salat, Spinat, Zwiebel
- Aubergine, Gurke, Kartoffel
- sonnig und warm

STANGENSELLERIE

Apium graveolens

- 'Tall Utah'
- Lichtkeimer
- 7–14 Tage
- Starkzehrer
- Bohne, Gurke, Kohl, Lauch, Tomate
- Erbse, Kartoffel, Salat
- sonnig bis halbschattig

LUPINE

Lupinus

- 'Avalune', 'Gallery Yellow'
- Dunkelkeimer
- 7–14 Tage
- Schwachzehrer
- mehrjährig
- sonnig
- insektenfreundlich

MÄRZ

VORANZUCHT

NUTZPFLANZEN

Artischocke, Aubergine, Basilikum, Blumenkohl, Brokkoli, Chili, Kohlrabi, Lauch, Mexikanische Minigurke, Paprika, Physalis, Rosenkohl, Rotkohl, Schnittlauch, Salat, Tomate, Weißkohl

BLUMEN

Levkoje, Löwenmäulchen, Lupine, Sonnenblume, Studentenblume, Wicke, Zinnie

DIREKTSAAT

NUTZPFLANZEN

Dicke Bohne, Erbse, Feldsalat, Frühlingszwiebel, Karotte, Knoblauch, Petersilie, Radieschen, Rucola, Salat, Spinat, Winterpostelein, Zwiebel

BLUMEN

Klatschmohn

TO-DOS

SÜSSKARTOFFEL-STECKLINGE SCHNEIDEN UND BEWURZELN

Sobald die Triebe deiner vorgekeimten Süßkartoffel etwa 10–15 cm lang sind, schneidest du sie ab. Setze sie dann in ein Glas Wasser, wo sie in wenigen Tagen Wurzeln bilden. Sobald die Wurzeln zu sehen sind, kannst du sie in einen Topf mit Erde setzen und auf eine helle Fensterbank stellen.

SOMMERKNOBLAUCH UND STECKZWIEBELN IN DIE ERDE BRINGEN

Du kannst jetzt Steckzwiebeln und Knoblauch in die Erde setzen. Stecke die Zwiebeln so, dass die Spitze gerade aus der Erde schaut und setze Knoblauchzehen 4–6 cm tief mit der Spitze nach oben und in einem Abstand von 10–15 cm Abstand.

DAHLIENKNOLLEN VORZIEHEN

Im März kannst du Dahlienknollen zunächst für einige Stunden in lauwarmes Wasser legen, damit sie gut quellen und schneller austreiben. Danach setzt du sie in Töpfe mit lockerer Erde, stellst sie hell und kühl. Sie müssen erst wieder gegossen werden, wenn die ersten grünen Spitzen zu sehen sind.

VORGEZOGENE ANEMONEN UND RANUNKELN DRAUSSEN INS BEET SETZEN

Sobald der Boden frostfrei ist, dürfen die vorgetriebenen Ranunkeln und Anemonen ins Freie gepflanzt werden. Setze die Knollen der Anemonen flach mit den Spitzen nach oben und die Ranunkeln mit den „Krönchen“ nach unten und in die Erde und halte sie gleichmäßig feucht, damit sie gut anwachsen.

BASILIKUM

Ocimum basilicum var. purpurascens

- 'Red Rubin'
- Lichtkeimer
- 5–14 Tage
- Mittelzehrer
- Chili, Gurke, Kürbis, Paprika, Tomate, Zucchini
- Mediterrane Kräuter
- sonnig

DUFTWICKE

Lathyrus odoratus

- 'Royal White'
- Lichtkeimer
- 7–14 Tage
- Schwachzehrer
- einjährig
- sonnig und windgeschützt
- insektenfreundlich (Sorten mit ungefüllten Blüten)

FRÜHLINGSZWIEBEL

Allium fistulosum

- 'Parade'
- Dunkelkeimer
- 10–20 Tage
- Schwach- bis Mittelzehrer
- Erdbeere, Karotte, Rote Bete, Salat, Sellerie
- Bohne, Erbse, Kohl, Petersilie
- sonnig

KLATSCHMOHN

Papaver rhoeas

- 'Amazing Grey'
- Lichtkeimer
- 7–21 Tage
- Schwachzehrer
- einjährig
- sonnig
- insektenfreundlich

KORNBLUME

Centaurea cyanus

- 'Blue Boy'
- Lichtkeimer
- 7–14 Tage
- Schwachzehrer
- einjährig
- sonnig
- insektenfreundlich

NIEDRIGE STUDENTENBLUME

Tagetes patula

- 'Glow'
- Lichtkeimer
- 7–14 Tage
- Schwachzehrer
- einjährig
- sonnig
- insektenfreundlich (Sorten mit ungefüllten Blüten)

MEXIKANISCHE MINIGURKE

Melothria scabra

- Dunkelkeimer
- 14–21 Tage
- Starkzehrer
- Bohne, Erbse, Kohl, Sellerie, Zwiebel
- Kartoffel, Paprika, Rettich
- sonnig und windgeschützt

PETERSILIE

Petroselinum crispum

- 'Gigante d'Italia' (glatt), 'Grüne Perle' (kraus)
- Dunkelkeimer
- 14–21 Tage
- Mittelzehrer
- Radieschen, Salat, Tomate, Zwiebel
- Dill, Fenchel, Karotte, Schnittlauch
- sonnig bis halbschattig

RADIESCHEN

Raphanus sativus var. sativus

- 'French Breakfast'
- Dunkelkeimer
- 3–7 Tage
- Schwachzehrer
- Bohne, Erbse, Karotte, Mangold, Spinat, Tomate
- Gurke, Kartoffel, Kohl
- sonnig bis halbschattig

SPINNENBLUME

Cleome spinosa

- 'Senorita Rosalita'
- Lichtkeimer
- 10–20 Tage
- Mittelzehrer
- einjährig
- sonnig
- insektenfreundlich

RUCOLA

Diplotaxis tenuifolia

- 'Wildfire'
- Dunkelkeimer
- 5–10 Tage
- Schwachzehrer
- Buschbohne, Erbse, Karotte, Knoblauch, Radieschen, Salat, Zwiebel
- Kartoffel, Kohl, Sellerie
- mehrjährig
- sonnig bis halbschattig

SOMMERSALAT

Lactuca sativa

- 'Lollo Bionda' (grün) 'Lollo Rosso' (rot)
- Lichtkeimer
- 5–10 Tage
- Schwachzehrer
- Erdbeere, Karotte, Kohl, Lauch, Radieschen, Zwiebel
- Petersilie, Sellerie
- sonnig bis halbschattig

TOMATE

Solanum lycopersicum

- 'Zuckertraube' (Cocktailtomate), 'Indigo Rose' (Cherrytomate), 'Tschernij Prinz' (Fleischtomate), 'Little Heartbreaker' (Buschtomate), 'San Marzano' (Flaschentomate)
- Dunkelkeimer
- 7–10 Tage
- Starkzehrer
- Basilikum, Bohne, Knoblauch, Kohl, Lauch, Salat
- Erbse, Gurke, Kartoffel, Zucchini
- sonnig bis vollsonnig

TIPP

Setze Basilikum zu den Tomaten, da es durch seinen Duft Schädlinge fernhält.

WEISSKOHL

Brassica oleracea convar. capitata var. alba

- 'Brunswijker'
- Dunkelkeimer
- 5–10 Tage
- Starkzehrer
- Kartoffel, Lauch, Salat, Spinat, Tomate
- Erdbeere, Knoblauch, Kohl, Zwiebel
- sonnig

SONNENBLUME

Helianthus annuus

- 'Buttercream'
- Dunkelkeimer
- 7–14 Tage
- Starkzehrer
- einjährig
- sonnig
- insektenfreundlich

APRIL

VORANZUCHT

NUTZPFLANZEN

Aubergine, Basilikum, Blumenkohl, Brokkoli, Grünkohl, Gurke, Kohlrabi, Kürbis, Lauch, Mais, Melone, Mexikanische Minigurke, Rosenkohl, Weißkohl, Wirsing, Zucchini

BLUMEN

Cosmea, Kapuzinerkresse, Löwenmäulchen, Stockrose, Studentenblume, Vergissmeinnicht, Zinnie

DIREKTSAAT

NUTZPFLANZEN

Artischocke, Borretsch, Dicke Bohne, Dill, Erbse, Feldsalat, Frühlingszwiebel, Karotte, Koriander, Mangold, Petersilie, Radieschen, Rote Bete, Rucola, Schnittlauch, Salat, Zwiebel

BLUMEN

Islandmohn, Jungfer im Grünen, Klatschmohn, Kornblume, Levkoje, Lupine, Sonnenblume, Wicke

TO-DOS

KARTOFFELN SETZEN

Anfang April dürfen die ersten der vorgetriebenen Kartoffeln ins Beet. Dabei handelt es sich um Frühkartoffeln. Frühkartoffeln sind Kartoffelsorten, die oft schon ab Juni geerntet werden können und nicht so gut lagerfähig sind.
Ende April dürfen dann auch die mittelfrühen und späten Kartoffeln ins Beet. Diese können zwischen Juli und Oktober geerntet werden und sind besser lagerfähig.

KRÄUTER VERMEHREN ÜBER STECKLINGE

Bei weichtriebigen Kräutern (Basilikum, Bohnenkraut, Estragon, Minze, Melisse und Oregano) kannst du jetzt etwa 8–10 cm lange, noch nicht blühende Triebspitzen abschneiden. Entferne die unteren Blätter und stecke die Stecklinge in feuchte Anzuchterde oder ein Glas Wasser, wo sie in wenigen Wochen Wurzeln bilden.

VORGEZOGENE DAHLIEN PINZIEREN

Jetzt ist ein guter Zeitpunkt, deine Dahlien zu pinzieren. Das bedeutet, den Haupttrieb einer jungen Pflanze einzukürzen oder auszukneifen, sobald sie etwa 4–6 Blattpaare gebildet hat. Dadurch verzweigt sich die Dahlie stärker, wächst buschiger und bildet deutlich mehr Blütenstiele. Ein Muss bei Dahlien!

BORRETSCH

Borago officinalis

'Bianca'

Dunkelkeimer

7–14 Tage

Mittelzehrer

Erdbeere, Gurke, Kohl, Salat, Tomate

Mediterrane Kräuter

sonnig

DILL

Anethum graveolens

'Como'

Dunkelkeimer

10–21 Tage

Schwachzehrer

Bohne, Gurke, Kürbis, Salat, Zucchini, Zwiebel

Fenchel, Karotte, Petersilie, Tomate

sonnig

GURKE

Cucumis sativus

'La Diva' (Snackgurke), 'Vorgebirgstraube' (Gewürzgurke), 'Tanja' (Salatgurke)

Dunkelkeimer

4–8 Tage

Starkzehrer

Bohne, Erbse, Kohl, Lauch, Mais, Salat

Kartoffel, Tomate, Zucchini

sonnig bis vollsonnig – am liebsten im Gewächshaus

TIPP

Gurken nur an der Wurzel gießen – nie über die Blätter. Nasse Blätter fördern Pilzbefall.

KAPUZINERKRESSE

Tropaeolum majus

- 'Ice Age'
- Zwischenkeimer (Dunkelheit fördert die Keimung, ist aber nicht notwendig)
- 10–14 Tage
- Schwachzehrer
- einjährig
- sonnig
- insektenfreundlich

KARTOFFEL

Solanum tuberosum

- 'Annabelle' (früh), 'Linda' (mittelfrüh), 'Laura' (mittelfrüh)
- Starkzehrer
- Bohne, Kohl, Mais, Spinat
- Erbse, Kürbis, Sellerie, Tomate
- sonnig
- 5–10 cm

KORIANDER

Coriandrum sativum

- 'Atlas'
- Dunkelkeimer
- 10–14 Tage
- Mittelzehrer
- Karotte, Lauch, Salat, Zwiebel
- Dill, Fenchel, Petersilie
- sonnig bis halbschattig

KÜRBIS

Cucurbita

- 'Baby Boo' (weiß), 'Black Beauty' (grün)
- Dunkelkeimer
- 5–10 Tage
- Starkzehrer
- Bohne, Erbse, Lauch, Mais, Salat, Spinat, Zwiebel
- Gurke, Kartoffel, Melone, Tomate
- sonnig

MELONE

Cucumis melo

'Charentais' (Cantaloupe)

Dunkelkeimer

7–14 Tage

Starkzehrer

Bohne, Mais, Salat, Zwiebel

Gurke, Kartoffel, Kürbis, Tomate, Zucchini

sonnig bis vollsonnig

ROSENKOHL

Brassica oleracea var. gemmifera

'Groninger'

Dunkelkeimer

7–14 Tage

Starkzehrer

Bohne, Erbse, Paprika, Salat, Tomate

Erdbeere, Kohl, Zwiebel

sonnig

ROTE BETE

Beta vulgaris

'Chioggia'

Dunkelkeimer

7–14 Tage

Mittelzehrer

Bohne, Erbse, Erdbeere, Gurke, Kohl, Lauch

Kartoffel, Lauch, Mais, Mangold, Spinat

sonnig

ZUCCHINI

Curcurbita pepo

'Black Beauty', 'Tondo di Nizza' (rund)

Dunkelkeimer

7–10 Tage

Starkzehrer

Bohne, Rote Bete, Zwiebel

Gurke, Kartoffel, Kürbis, Mais, Tomate

sonnig

ZUCKERMAIS

Zea mays

- 'Sweet Nugget'
- Dunkelkeimer
- 7–10 Tage
- Starkzehrer
- Bohne, Gurke, Kürbis, Zucchini
- Rote Bete, Sellerie
- sonnig

JUNGFER IM GRÜNEN

Nigella damascena

- 'Miss Jekyll'
- Lichtkeimer
- 14–21 Tage
- Schwachzehrer
- einjährig
- sonnig
- insektenfreundlich

ZINNIE

Zinnia elegans

- 'Orange King'
- Lichtkeimer
- 7–14 Tage
- Mittelzehrer
- einjährig
- sonnig
- insektenfreundlich

TIPP

Zinnien blühen umso reicher, je häufiger du sie für die Vase schneidest.

MAI

VORANZUCHT

NUTZPFLANZEN
Grünkohl, Kürbis, Radicchio, Wirsing

BLUMEN
Bartnelke, Stockrose

DIREKTSAAT

NUTZPFLANZEN
Buschbohne, Erbse, Frühlingszwiebel, Gurke, Karotte, Kohlrabi, Mais, Mangold, Melone, Rote Bete, Radieschen, Rucola, Salat, Stangenbohne, Zucchini

BLUMEN
Cosmea, Löwenmäulchen, Sonnenblume, Strohblume, Zinnie

TO-DOS

JUNGPFLANZEN RAUSSETZEN
Nach den Eisheiligen (11.–15. Mai) dürfen alle wärmeliebenden Pflanzen wie Aubergine, Chili, Paprika, Tomate ins Freiland.

SÜSSKARTOFFEL RAUSPFLANZEN
Ab Ende Mai darf auch unsere Süßkartoffelpflanze ins Freiland. Sie ist wärmeliebend und frostempfindlich, daher lieber nicht früher nach draußen setzen.

VORGEZOGENE DAHLIEN INS BEET PFLANZEN
Nach den Eisheiligen dürfen auch die vorgezogenen Dahlien an einen sonnigen Standort ziehen. Lass sie vorher einige Tage tagsüber draußen stehen, damit sie sich an Sonne und Wind gewöhnen können.

BUSCHBOHNE
Phaseolus vulgaris var. nanus

- 'Nassau'
- Dunkelkeimer (2–3 cm Saattiefe)
- 7–10 Tage
- Schwachzehrer
- Erdbeere, Gurke, Kartoffel, Sellerie
- Erbse, Knoblauch, Lauch, Zwiebel
- sonnig

TIPP
Buschbohnen können sogar in kleineren Balkonkästen angebaut werden.

GRÜNKOHL

Brassica oleracea var. sabellica

‘Westländer Winter‘

Dunkelkeimer

5–10 Tage

Starkzehrer

Kartoffel, Lauch, Salat, Sellerie, Spinat

Erdbeere, Kohl, Radieschen, Rettich

sonnig bis halbschattig

TIPP

Erst nach dem ersten Frost ernten, denn durch die Kälte wird in den Blättern Stärke zu Zucker umgewandelt und der Grünkohl schmeckt deutlich milder und süßer.

STANGENBOHNE

Phaseolus vulgaris var. vulgaris

‘Blauhilde’

Dunkelkeimer (2–3 cm Saattiefe)

7–10 Tage

Schwachzehrer

Gurke, Kartoffel, Kohl, Mais

Erbse, Fenchel, Knoblauch, Zwiebel

sonnig

TIPP

Stangenbohnen ranken sehr stark und brauchen immer eine Rankhilfe.

MANGOLD

Beta vulgaris

‘Rainbow’

Dunkelkeimer

7–14 Tage

Mittelzehrer

Bohne, Erbse, Kohl, Knoblauch, Radieschen, Rettich, Zwiebel

Rote Bete, Spinat

sonnig bis halbschattig

TIPP

Äußere Blätter regelmäßig ernten und das Herz stehen lassen, denn so treibt der Mangold kontinuierlich neu aus.

WIRSING

Brassica oleracea var. sabauda

- 'Vertus 2'
- Halblichtkeimer (nur leicht mit Erde bedecken)
- 5–10 Tage
- Starkzehrer
- Karotte, Kartoffel, Lauch, Sellerie, Tomate
- Bohne, Fenchel, Knoblauch, Zwiebel
- sonnig

TIPP

Kohl sollte frühestens nach vier Jahren wieder am gleichen Standort angebaut werden, um Krankheiten und Schädlingsbefall zu vermeiden.

STOCKROSE

Alcea

- 'Majorette Champagne'
- Dunkelkeimer
- 10–20 Tage
- Mittel- bis Starkzehrer
- zweijährig
- sonnig
- insektenfreundlich (Sorten mit ungefüllten Blüten)

TIPP

Die meisten Stockrosen sind zweijährig. Sie blühen also erst im zweiten Jahr und versamen sich anschließend sehr zuverlässig.

JUNI

VORANZUCHT

NUTZPFLANZEN

Radicchio

DIREKTSAAT

NUTZPFLANZEN

Busch- und Stangenbohne, Frühlingszwiebeln, Gurke, Karotte, Kohlrabi, Kürbis, Mais, Mangold, Radieschen, Rote Bete, Rucola, Salat, Zucchini

BLUMEN

Kapuzinerkresse, Sonnenblume, Strohblume, Studentenblume, Vergissmeinnicht

TO-DOS

INGWER RAUSPFLANZEN

Im Juni kannst du deine vorgezogene Ingwerpflanze ins Hoch- oder Gemüsebeet setzen. Wähle dabei einen sonnigen und windgeschützten Platz.

CHINAKOHL

Brassica rapa subsp. pekinensis

- 'Auslese'
- Lichtkeimer
- 5–10 Tage
- Starkzehrer
- Bohne, Karotte, Spinat
- Knoblauch, Rettich, Zwiebel
- sonnig

TIPP Nicht zu früh säen! Frühsaaten schießen schnell, daher am besten erst ab Ende Juni vorziehen.

STROHBLUME

Xerochyrsum bracteatum

- 'Salmon Rose'
- Lichtkeimer
- 7–14 Tage
- Schwachzehrer
- einjährig
- sonnig
- insektenfreundlich

TIPP Schneide die Strohblume früh, wenn sie sich gerade öffnet, dann behält sie beim Trocknen ihre Farbe und Form am besten.

WILDE MALVE
Malva sylvestris

- 'Zebrina'
- Lichtkeimer
- 5–10 Tage
- Mittel- bis Starkzehrer
- zwei- bis mehrjährig
- sonnig
- insektenfreundlich

TIPP

Mit etwas Glück blüht die Wilde Malve schon im Herbst des ersten Jahres.

VERGISSMEIN-NICHT
Myosotis

- 'Bellamy Blue', 'Bellamy Pink'
- Lichtkeimer
- 10–20 Tage
- Schwachzehrer
- zweijährig
- sonnig bis halbschattig
- insektenfreundlich

TIPP

Das Vergissmeinnicht musst du nur einmal aussäen, denn danach versamt es sich zuverlässig von selbst.

JULI

VORANZUCHT

NUTZPFLANZEN

Endivie, Kohlrabi

DIREKTSAAT

NUTZPFLANZEN

Bohne, Endivie, Frühlingszwiebel, Mangold, Pak Choi, Radicchio, Radieschen, Rote Bete, Rucola, Salat

BLUMEN

Bartnelke, Jungfer im Grünen, Vergissmeinnicht

TO-DOS

KRÄUTER VERMEHREN ÜBER STECKLINGE

Im Juli kannst du halbverholzende oder verholzende Kräuter wie Rosmarin, Salbei, Lavendel und Thymian über Stecklinge vermehren. Bei Rosmarin schneidest du z. B. 8–10 cm lange, halbverholzte, nicht blühende Triebe, streifst dann die unteren Nadeln ab und steckst die Stecklinge in feuchte Anzuchterde. Bis zum nächsten Frühjahr frostfrei überwintern.

ENDIVIE

Cichorium endivia

- ‘Blonde à coeur plein’
- Dunkelkeimer
- 5–10 Tage
- Schwach- bis Mittelzehrer
- Brokkoli, Karotte, Kohlrabi, Lauch, Zwiebel
- Petersilie, Salat
- sonnig bis halbschattig

TIPP

Achtung, Endivien keimen bei mehr als 25° C sehr schlecht.

PAK CHOI

Brassica rapa subsp. chinensis

- ‘Taisai’
- Lichtkeimer
- 5–10 Tage
- Starkzehrer
- Erbse, Gurke, Karotte, Rote Bete
- Kohl, Radieschen, Rettich
- sonnig

TIPP

Schnecken lieben ihn – daher sofort mit Schneckenkrägen schützen!

RADICCHIO

Cichorium intybus var. foliosum

- 'Granato'
- Dunkelkeimer
- 7–14 Tage
- Schwach- bis Mittelzehrer
- Buschbohne, Erbse, Karotte, Lauch, Radieschen, Spinat, Zwiebel
- Chicorée, Endivie
- sonnig bis halbschattig

TIPP

Radicchio färbt sich durch kühle Nächte tiefrot.

AUGUST

VORANZUCHT

NUTZPFLANZEN

Endivie, Winterkopfsalat

DIREKTSAAT

NUTZPFLANZEN

Feldsalat, Knoblauch, Pak Choi, Radieschen, Rucola, Winterpostelein

TO-DOS

ERDBEEREN VERMEHREN ÜBER AUSLÄUFER

Im August lassen sich Erdbeeren leicht über Ausläufer vermehren, die die Mutterpflanzen im Sommer bildet. Lass die kräftigsten Erdbeerausläufer an der Mutterpflanze anwachsen, bis sie eigene Wurzeln gebildet haben. Dann schneidest du sie ab, hebst sie vorsichtig aus und pflanzt sie an den neuen Platz. Danach nur gut feucht halten, damit sie schnell einwurzeln.

TOMATEN AUSGEIZEN

Beim Tomaten ausgeizen brichst du die kleinen Seitentriebe, die man auch Geiztriebe nennt, aus, sobald sie ein paar Zentimeter lang sind. So bleibt die Pflanze luftig, setzt ihre Kraft in die reifenden Früchte und ist weniger anfällig für Krankheiten.

WINTERKOPFSALAT

Lactuca sativa

- ‘Baquieu’
- Lichtkeimer
- 5–10 Tage
- Schwachzehrer
- Feldsalat, Knoblauch, Spinat, Zwiebel
- Petersilie, Salat
- sonnig bis halbschattig

TIPP

Wintersalate wachsen sehr langsam, machen eine Winterpause und setzen im zeitigen Frühjahr zum Kopfbildungsschub an.

WINTERPOSTELEIN/ WINTERPORTULAK

Claytonia perfoliata

- Lichtkeimer
- 7–14 Tage
- Schwachzehrer
- Kohl, Radieschen, Salat, Spinat
- /
- halbschattig bis schattig

TIPP

Der Winterpostelein wird von den Schnecken meist ignoriert.

SEPTEMBER

DIREKTSAAT

NUTZPFLANZEN
Feldsalat, Pak Choi, Radieschen, Rucola, Spinat, Winterpostelein

EINJÄHRIGE BLUMEN
Jungfer im Grünen, Klatschmohn, Kornblume, Wicke

ZWEIJÄHRIGE BLUMEN
Bartnelke, Fingerhut, Islandmohn, Stockrose, Vergissmeinnicht

TO-DOS

ERDBEERJUNGPFLANZEN SETZEN
Im September kannst du Erdbeerjungpflanzen setzen, damit sie noch gut einwurzeln und im nächsten Jahr reichlich Früchte tragen. Halte die Pflanzen nach dem Setzen feucht.

STAUDEN PFLANZEN
Jetzt ist die beste Zeit, um Stauden zu pflanzen. Die warme Erde und die milden Tage fördern ein schnelles Einwurzeln.

COOL FLOWERS SÄEN
Im September ist die ideale Zeit, um Cool Flowers zu säen. Dabei handelt es sich um einjährige Schnittblumen, die im Herbst ausgesät und im Beet überwintert werden. Sie blühen deutlich eher und reicher als Sommerblumen.

BARTNELKE
Dianthus barbatus nigricans

- ‘Onyx’
- Dunkelkeimer
- 14–21 Tage
- Schwachzehrer
- zweijährig
- sonnig
- insektenfreundlich

TIPP Wenn du Bartnelken für die Vase erntest, nimm ruhig Stiele mit Blüten, die nur zu zwei Dritteln geöffnet sind, denn sie öffnen sich noch.

FINGERHUT
Digitalis purpurea

- ‘Apricot Delight’
- Dunkelkeimer
- 10–30 Tage
- Schwachzehrer
- zweijährig
- sonnig bis halbschattig
- insektenfreundlich

TIPP Achtung, Fingerhut ist sehr giftig! Wenn du kleine Kinder oder Haustiere hast, solltest du beim Anbau von Fingerhut vorsichtig sein.

ISLANDMOHN

Papaver nudicaule

- 'Colibri Ciclamino'
- Lichtkeimer
- 14–21 Tage
- Schwachzehrer
- mehrjährig
- sonnig bis halbschattig
- insektenfreundlich

TIPP

Islandmohn sät man am besten direkt ins Beet, weil er das Umpflanzen schlecht verträgt. Trage beim Schneiden lieber Handschuhe, da der Milchsaft zu Hautreizungen führen kann.

OKTOBER

DIREKTSAAT

NUTZPFLANZEN
Erbse, Feldsalat, Rucola, Spinat, Winterpostelein

TO-DOS

WINTERKNOBLAUCH UND WINTERSTECKZWIEBELN SETZEN

Im Oktober kannst du winterharten Knoblauch und Wintersteckzwiebeln stecken, solange der Boden noch frostfrei ist. Setze die Zehen des Knoblauchs 4–6 cm tief mit der Spitze nach oben und 10–15 cm Abstand. Und stecke die Zwiebeln so, dass die Spitze gerade aus der Erde schaut. So wurzeln sie vor dem Winter ein und liefern im nächsten Jahr eine frühe Ernte.

KNOBLAUCH

Allium sativum L.

- 'Germidour' (violett), 'Messidrome' (weiß)
- Schwachzehrer
- Erdbeere, Gurke, Karotte, Salat, Spinat, Tomate
- Bohne, Erbse, Kohl
- sonnig
- 4–6 cm

TIPP Immer nur einzelne Zehen setzen und nicht die komplette Knolle, denn aus jeder einzelnen Zehe entsteht eine neue Knolle.

WINTERSTECKZWIEBEL

Allium cepa

- 'Radar' (gelb), 'Rolein' (rot), 'Snowball' (weiß)
- Mittelzehrer
- Erdbeere, Gurke, Karotte, Salat, Tomate
- Bohne, Erbse, Kohl
- sonnig

TIPP Wintersteckzwiebeln können schon im Juni geerntet werden, also deutlich früher als die im Frühjahr gesetzten Zwiebeln.

NOVEMBER

DIREKTSAAT

NUTZPFLANZEN

Dicke Bohne, Feldsalat, Winterpostelein

TO-DOS

BLUMENZWIEBELN SETZEN

Im November kannst du Blumenzwiebeln wie Krokusse, Narzissen, Hyazinthen und Tulpen stecken, solange der Boden frostfrei ist. Setze die Zwiebeln je nach Größe zwei- bis dreimal so tief wie sie hoch sind und mit der Spitze nach oben schauend in die Erde. So treiben die Frühblüher im kommenden Frühjahr zuverlässig aus.

KROKUS

Crocus

- 'Ruby Giant'
- Schwachzehrer
- mehrjährig
- sonnig
- insektenfreundlich
- 5–10 cm tief

TIPP Krokusse kommen besonders gut zur Geltung, wenn sie in Rasenflächen oder zwischen Gräsern blühen.

NARZISSE

Narcissus

- 'Mount Hood'
- Schwachzehrer
- mehrjährig
- sonnig
- nicht insektenfreundlich
- 10–15 cm tief

TIPP Für ein natürliches Erscheinungsbild sollten Narzissen in kleinen Gruppen von etwa fünf bis zehn Zwiebeln gesetzt werden.

TULPE

Tulipa

'Queen of the Night', 'White Emperor'

Schwach- bis Mittelzehrer

mehrjährig

sonnig

nicht insektenfreundlich

8–12 cm tief

TIPP

Durch die Kombination aus früh-, mittel- und spätblühender Tulpensorten verlängert sich die Blütezeit im Beet deutlich.

TRAUBENHYAZINTHE

Muscari

'White Magic'

Schwachzehrer

mehrjährig

sonnig bis halbschattig

insektenfreundlich

6–10 cm tief

TIPP

Traubenhyazinthen verwildern von selbst, wenn sie ungestört wachsen dürfen.

DEZEMBER

MICROGREENS ANBAUEN

Im Monat Dezember steht die Anzucht still, aber hast du schon einmal Microgreens ausprobiert? Diese kleinen, nährstoffreichen Pflänzchen sind nicht nur einfach anzubauen, sondern auch ein echtes Highlight für deine Küche, und das sogar das ganze Jahr über. Ich baue sie besonders gerne in den Wintermonaten an, wenn frisches Grün rar ist. Und das Beste: Alles, was du brauchst, sind ganz normale, unbehandelte Samen (am besten Bio-Samen), ein helles Fensterbrett und ein bisschen Geduld.

SCHRITT 1: SAMEN EINWEICHEN

Weiche die Samen vor der Aussaat ca. acht Stunden in Wasser ein. Dadurch wird der Keimprozess aktiviert und die Keimung beschleunigt. Kleinere Samen wie Kresse oder Rucola benötigen meist keine Einweichzeit.

SCHRITT 2: ANZUCHT STARTEN

Verteile die eingeweichten Samen gleichmäßig auf einer Keimschale oder einem flachen Teller mit Küchenpapier. Für klassische Sprossen eignet sich auch ein Sprossenglas mit Siebdeckel. Es gibt darüber hinaus spezielle Microgreen-Gefäße, die in der Anschaffung etwas teurer sind, aber die Anzucht sehr vereinfachen. Stelle die Anzucht hell, aber ohne direkte Sonne auf ein Fensterbrett.

SCHRITT 3: RICHTIG GIESSEN & PFLEGEN

Befeuchte die Samen ein- bis mehrmals täglich leicht, am besten mit einem feinen Sprühnebel oder durch vorsichtiges Spülen. Achte darauf, dass die Keimlinge genug Platz zum Wachsen haben. Rühre sie regelmäßig vorsichtig um, damit sie nicht zusammenkleben oder faulen.

MEINE MICROGREEN-FAVORITEN

ALFALFA

Sie haben einen leicht nussigen Geschmack und eignen sich wunderbar als Brotbelag oder Salatzutat. Sie schmecken auch leicht angedünstet in Pfannengerichten oder Suppen.

Aufgepasst: Alfalfa-Keimlinge sollten nicht vor dem siebten Tag verzehrt werden, da sie in den ersten Tagen den Stoff Canavanin bilden, der nur schwer verdaulich ist.

BROKKOLETTI

Dieses Microgreen schmeckt leicht nach Kohl und ist eine besonders gute Beilage auf Suppen, kann aber natürlich auch als Brotbelag verwendet werden.

Aufgepasst: Brokkoletti bilden weiße Mikrowurzeln, die nicht mit Schimmel verwechselt werden sollten.

RADIES

Das Microgreen Radies schmeckt intensiv nach Radieschen und ist pikant-würzig. Damit braucht man keine Radieschen mehr im Salat und auf einem Brot schmeckt es auch besonders gut.

Aufgepasst: Radies bildet weiße Mikrowurzeln, die nicht mit Schimmel verwechselt werden sollten.

AUSSAAT-TABELLE

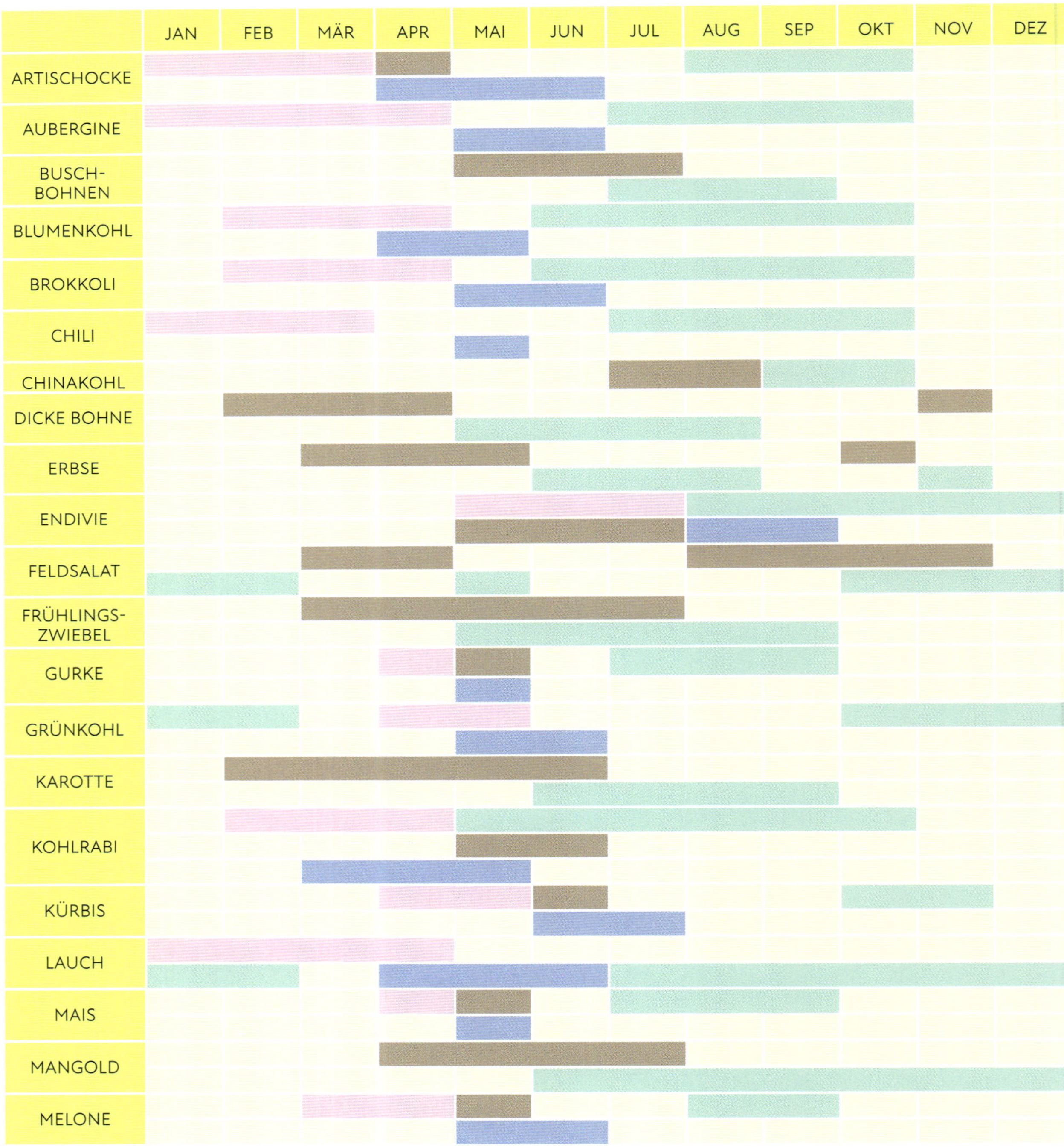

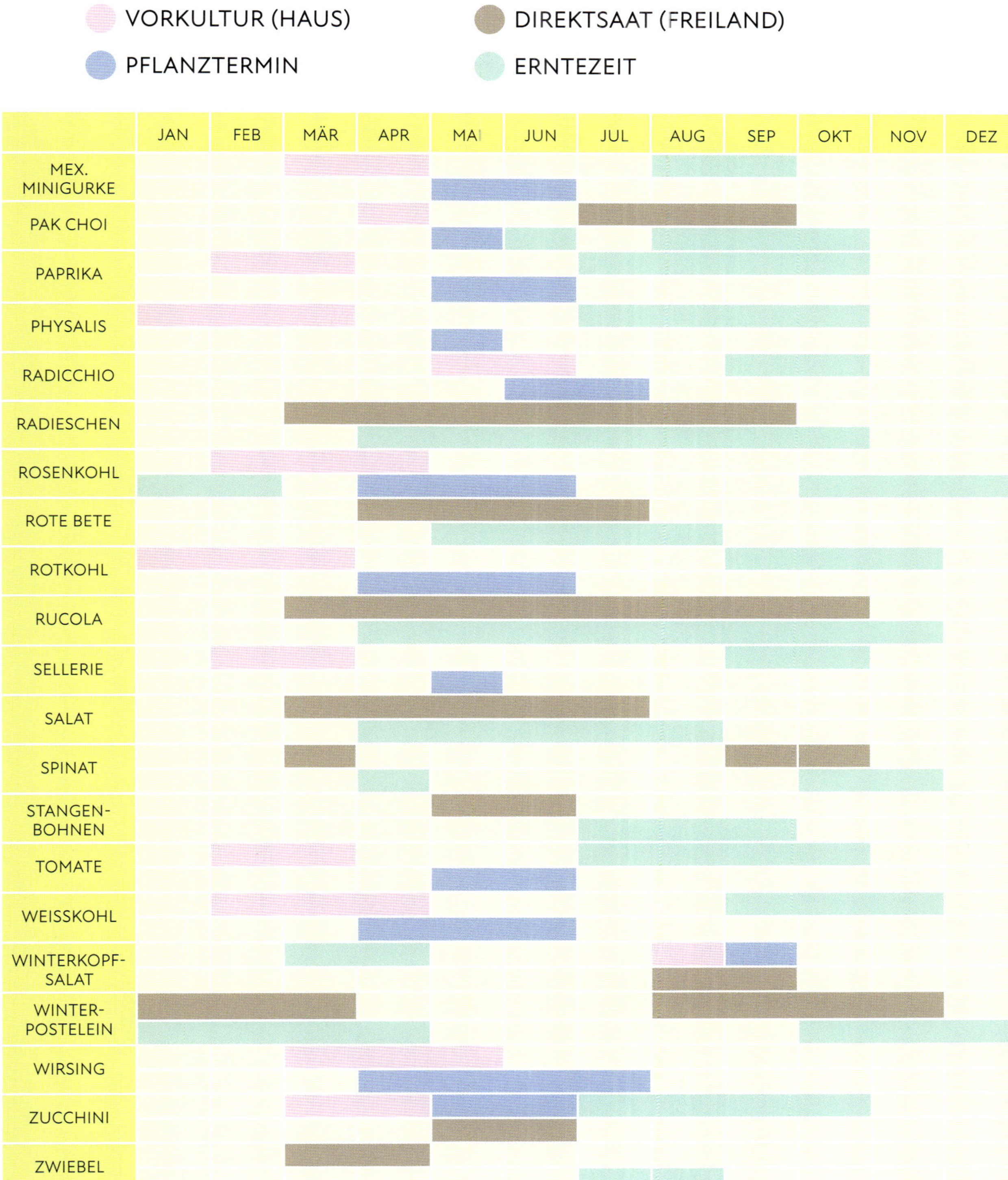

Die angegebenen Zeiträume beziehen sich auf ein mildes Klima in Deutschland (z. B. Nordrhein-Westfalen).
In kälteren oder wärmeren Regionen können sich Direktsaat, Pflanzung und Ernte entsprechend nach vorne oder hinten verschieben.

Pflanzpläne

SO NUTZT DU DIE PFLANZPLÄNE RICHTIG

1. **Standort prüfen**
   Passt der Pflanzplan zu deinem Standort? Sonne, Halbschatten oder Schatten?
   → Passe die Pflanzenauswahl ggf. an deine Bedingungen an.

2. **Beetgröße & Maße vergleichen**
   Ist dein Hochbeet oder Gartenbeet genauso groß wie im Plan?
   → Wenn nicht, musst du Abstände und Mengen proportional anpassen.

3. **Abstände einhalten**
   Lieber weniger, aber gesünder pflanzen, denn zu viel Enge begünstigt häufig Krankheiten.
   → Mein Pflanzplan hilft dir, die passende Anzahl an Pflanzen zu wählen.

4. **Reihenfolge & Zeitplanung beachten**
   Was wird wann ausgesät oder gepflanzt? Vorziehen? Nachsaat möglich?
   → Nutze dafür auch das Kapitel Monatliche Aussaaten (Seiten 34–67) zur Unterstützung.

5. **Pflanzplan anpassen**
   Wenn dir eine Sorte nicht schmeckt, tausche sie einfach aus.

6. **Dokumentieren & lernen**
   Notiere dir, was funktioniert hat und was nicht, und mache Fotos oder Skizzen.
   → So entwickelst du mit der Zeit deine eigenen Pflanzpläne.

Es gibt Apps, mit denen du deine Hochbeete planen kannst.

Egal ob du einen kleinen Gemüsegarten, ein Hochbeet auf dem Balkon oder einen großen Selbstversorgergarten anlegst: Mit einem guten Pflanzplan nutzt du den vorhandenen Platz optimal und sorgst dafür, dass sich die Pflanzen gegenseitig unterstützen. Ich stehe dafür oft mit Stift und Papier mitten in meinen Beeten, um direkt vor Ort die besten Kombinationen zu finden. Die folgenden Pflanzpläne sind bereits durchdacht kombiniert, sodass du sofort loslegen kannst.

HINWEIS

Die folgenden Pflanzpläne sind auf Palettenrahmen-Hochbeete mit den Maßen 120 x 80 cm ausgelegt. Wenn dein Hochbeet größer ist, kannst du die Pläne ganz einfach erweitern oder verdoppeln. Auch kleinere Beete lassen sich mit ein paar Anpassungen gut umsetzen. Nimm die Pläne gerne als Vorlage und passe sie so an, wie es zu deinem Garten, deinen Lieblingspflanzen und deinem Alltag passt.

Seiten 74–83

ALLES FÜR DEN SALAT

Wenn du ein Hochbeet für knackig-frische Salate anlegen möchtest, setze auf Vielfalt. Sie macht das Beet nicht nur schöner, sondern auch ertragreicher. Kombiniere verschiedene Sorten von **Salat und Radieschen**, um Abwechslung auf den Teller zu bringen. Ergänze das Beet mit **Snackpaprika und Buschtomate**, die mit ihren leuchtenden Farben und süßen Früchten für echte Sommerfreude sorgen. **Kapuzinerkresse und Studentenblume** runden das Bild ab, sie ziehen Bienen und andere Nützlinge an und halten gleichzeitig Schädlinge fern. So entsteht ein Hochbeet, das nicht nur köstlich, sondern auch voller Farbe ist.

Standort: sonnig
Maße: 120 x 80 cm

1 | PFLÜCKSALAT 'LOLLO ROSSO' (4×)

Gehört zu meinen Lieblingssalaten und das nicht nur wegen seines angenehm nussigen Geschmacks, sondern auch wegen seiner intensiven roten Farbe, die im Beet besonders dekorativ wirkt. Er ist reich an Antioxidantien und damit nicht nur hübsch, sondern auch gesund. Am besten erntest du den Salat in den frühen Morgenstunden.

2 | PFLÜCKSALAT 'LOLLO BIONDA' (4×)

Bringt mit seinen hellgrünen, kraus gewellten Blättern Frische auf unsere Teller. Sein milder, leicht nussiger Geschmack macht ihn zum idealen Begleiter in bunten Salatmischungen. Genau wie der 'Lollo Rosso' enthält er wertvolle Vitamine und Ballaststoffe.

3 | ROMANASALAT (6×)

Hat lange, knackige Blätter mit einem festen, saftigen Strunk. Er schmeckt leicht süßlich und ist perfekt für Caesar Salad oder als Grillbeilage. Auf einem gemischten Salatteller sorgt er für extra Biss und Frische.

4 | RADIESCHEN 'CHERRY BELLE' (20×)

Ein klassisches rundes Radieschen mit leuchtend roter Schale und zartweißem Inneren. Es wächst schnell, schmeckt angenehm mild und hat eine feine Schärfe. Am besten werden Radieschen gestaffelt ausgesät, damit du sie immer wieder ernten kannst.

5 | RADIESCHEN 'FRENCH BREAKFAST' (20×)

Sieht mit seiner länglichen Form und der roten Farbe mit weißer Spitze besonders hübsch aus. Es ist mild und hat nur eine leichte Schärfe. Aus dem Grün der Radieschen kannst du wunderbar auch Pesto oder eine Salatsoße zaubern.

6 | TOMATE 'HEARTBREAKER' (2×)

Eine herrlich süße und fruchtige Sorte mit kleinen, herzförmigen Früchten. Ihr Wuchs ist kompakt und sie ist ideal zum Naschen direkt von der Pflanze geeignet.

7 | PAPRIKA 'TRIBELLI' (2×)

Ist besonders gut zum Naschen und für Salate geeignet. Diese kleinen Paprika werden besonders gerne von Kindern genascht.

8 | GROSSE KAPUZINERKRESSE 'ICE AGE' (1×)

Eine besonders hübsche Kapuzinerkresse mit zarten, cremeweißen bis blassgelben Blüten. Sie wächst rankend und kann daher gut am Rand eines Hochbeetes gepflanzt werden. Wie alle Kapuzinerkressen ist sie essbar, leicht würzig im Geschmack und wirkt mit ihren ätherischen Ölen abschreckend auf Schädlinge im Beet.

9 | SCHMALBLÄTTRIGE STUDENTENBLUME (5×)

Die Tagetes hat zarte Blätter und ein würziges Aroma, das an Zitrone oder Minze erinnert. Sie ist eine aromatische Pflanze, die pflegeleicht und zuverlässig im Beet blüht und mit ihrem Duft Schädlinge fern hält.

1–3

4

5

6

7

8

9

BESONDERS PFLEGELEICHT

Wer im Garten mit möglichst wenig Aufwand eine reiche und schmackhafte Ernte erzielen möchte, sollte sich ein pflegeleichtes Hochbeet anlegen. Am Rand des Hochbeets werden **frühe Kartoffelsorten** gesetzt. Sie werden dann rechtzeitig abgeerntet, sodass sich der **Rosenkohl** entwickeln kann. In die freien Bereiche zwischen den beiden Hauptkulturen werden **Dicke Bohnen** gesät. Sie sind pflegeleicht und bereichern den Boden mit Stickstoff. So entsteht ein cleveres Hochbeet, das verschiedene Erntezeiten verbindet.

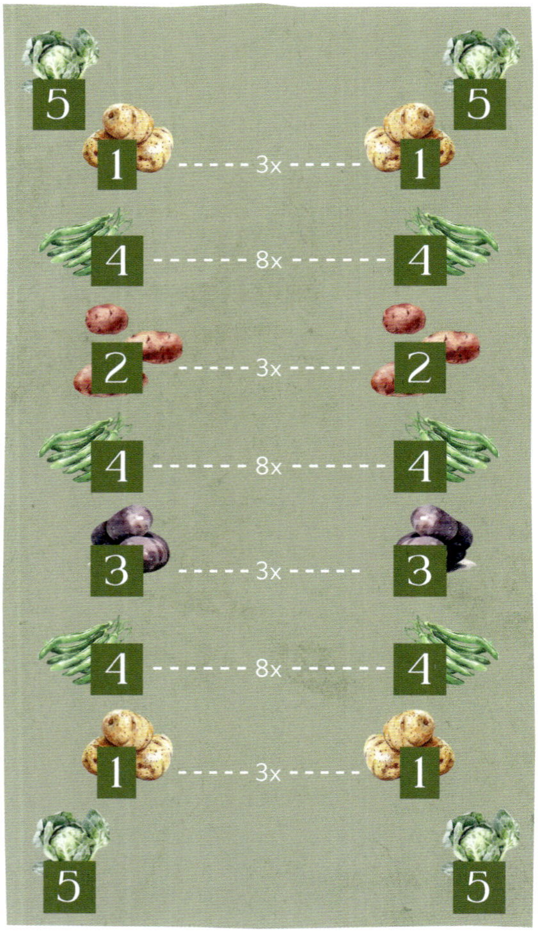

Standort: sonnig
Maße: 120 x 80 cm

1 | KARTOFFEL 'ANNABELLE' (6×)

Eine festkochende und sehr frühe Sorte, die eine glatte, gelbe Schale und gelbes Fleisch hat. Sie wächst schnell und lässt sich ab Mai zum Spargel ernten. Frühkartoffel werden am besten direkt verzehrt, da sie nicht so gut lagerfähig sind.

2 | KARTOFFEL 'HEIDEROT' (3×)

Überzeugt als mittelfrühe, festkochende Sorte mit ihrer besonderen rot-lilafarbenen Schale und ihrem rötlichen Fleisch, das einen leicht nussigen Geschmack hat. Du kannst sie zwischen Juli und August ernten und ihre Farbe bleibt auch nach dem Kochen und ist daher ein echter Hingucker auf dem Teller.

3 | KARTOFFEL 'BLAUE ANNELIESE' (3×)

Eine blaue Kartoffelsorte, die sehr spät reift. Sie bringt Farbe in den Kartoffelsalat!

4 | DICKE BOHNE 'HANGDOWN GRÜNKERNIG' (24×)

Eine mittelhohe, sehr robuste Dicke Bohne. Ihre Bohnenkerne können frisch auf dem Brot oder im Salat gegessen oder auch getrocknet werden. Beim Kochen behält sie ihre grüne Farbe.

5 | ROSENKOHL 'GRONIGER' (4×)

Eine bewährte, traditionelle Rosenkohlsorte mit einem mittelhohen Wuchs. Sie gilt als besonders winterhart und du kannst die Röschen von November bis in den Januar ernten. Also genau zur richtigen Zeit für ein winterliches Festessen an Weihnachten.

1–3

4

5

Tipp

Denke daran, regelmäßig zu düngen, denn Rosenkohl und Kartoffeln zählen zu den Starkzehrern.

EIN NASCHGARTEN FÜR KINDER

Gärtnern mit Kindern ist etwas ganz Besonderes, denn es weckt ihre Neugier. Dieses Beet ist wie dafür geschaffen. Schon beim Anlegen können die Kleinen mithelfen: Erde lockern, Samen stecken und beim Wachsen zusehen. Hier wachsen süße **Erdbeeren,** die man direkt naschen kann, dazu kleine, aromatische **Karotten,** die man fast wie Bonbons aus dem Boden zieht. Zwischen den Pflanzen ranken die **Mexikanische Minigurke** und die **Snackgurke** empor. Am Rand bilden **Physalis-Pflanzen** ihre goldgelben Lampions, die sich später wie kleine Schätze öffnen lassen. Die farbenfrohe **Kapuzinerkresse** sorgt für würzige Blätter und Blüten, die man ebenfalls probieren darf.

Standort: sonnig
Maße: 120 x 80 cm

1 | ERDBEERE 'KORONA' (4×)

Ist eine robuste, mittelfrühe Sorte mit großen, dunkelroten Früchten von Mitte Mai bis Juni. Sie ist sehr ertragreich und hat einen angenehm süßen Geschmack. Außerdem ist sie sehr widerstandsfähig gegen viele Krankheiten.

2 | ERDBEERE 'MARA DE BOIS' (4×)

Schmeckt nach Walderdbeere und ist eine französische Feinschmecker-Sorte. Sie trägt über einen langen Zeitraum von Juni bis in den Oktober hinein mittelgroße, weiche Erdbeeren.

3 | ERDBEERE 'BEERENWUNDER' (4×)

Trägt zahlreiche kleine bis mittelgroße Früchte von Juni bis in den September. Die Pflanzen bleiben kompakt und ihre Früchte sind süß-aromatisch.

4 | KAROTTE 'PARISER MARKT' (76×)

Ist eine besondere Karottensorte, die kurz, rund und kugelig wächst. Die Karotten können schon nach sechs bis acht Wochen geerntet werden, schmecken süß mild und sind daher besonders gut für ein Kinder-Beet geeignet.

5 | PHYSALIS 'SCHÖNBRUNNER GOLD' (2×)

Eignet sich perfekt zum Naschen direkt von der Pflanze. Ihre goldgelben, etwa kirschgroßen Früchte sind von einer typischen, lampionartigen Hülle umgeben. Der Geschmack ist sehr süß, aber hat auch eine angenehme, exotische Säure.

6 | MEXIKANISCHE MINIGURKE (1×)

Ist ein echter Hingucker im Garten! Ihre kleinen Früchte sehen aus wie winzige Wassermelonen und sie schmecken frisch und leicht säuerlich. Wegen ihrer außergewöhnlichen Optik sind sie bei Kindern besonders beliebt.

7 | GURKE 'LA DIVA' (1×)

Produziert zarte, glattschalige Mini-Gurken mit mildsüßlichem Geschmack ohne Bitterstoffe. Sie wächst kräftig, aber bleibt kompakt und ihre Früchte erreichen eine Länge von etwa 15 cm. Ein perfekter Snack für zwischendurch, am besten direkt vom Strauch genascht.

8 | GROSSE KAPUZINERKRESSE (2×)

Wächst rankend und eignet sich daher ideal für den Rand eines Hochbeets, wo sie dekorativ herabhängen kann. Sie ist in allen Pflanzenteilen essbar und besonders die Blüten und Blätter schmecken angenehm würzig und leicht pfeffrig. Selbst die Samen lassen sich verwenden. Kinder können die Pflanze ganz unbesorgt pflücken, probieren und entdecken.

1–3

4

5

7

8

SUPPENLIEBE

Wenn du genauso ein Suppenfan bist wie ich, wirst du dieses Beet lieben. Es ist wie ein kleiner, lebender Vorratsschrank für deine Lieblingsgerichte: Hier wachsen aromatische **Karotten**, kräftiger **Lauch**, saftige **Zucchini**, würziger **Sellerie** und milde **Zwiebeln**. Also alles Zutaten, die den Grundstock für eine herzhafte, duftende Suppe bilden. Schon beim Vorbeigehen steigt einem der Duft in die Nase und man kann sich vorstellen, wie daraus später eine dampfende Schüssel wird. In Kombination mit dem besonders pflegeleichten Beet (Seiten 76 und 77) hast du sogar deine eigenen Kartoffeln parat. Das ist die perfekte Ergänzung, um deine Suppen zu verfeinern, oder in köstliche Cremesuppen zu verwandeln.

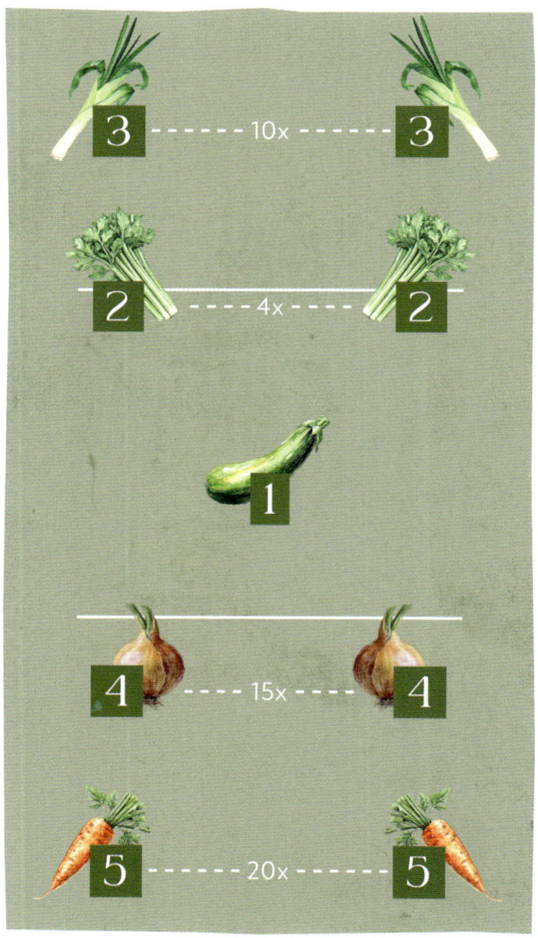

Standort: sonnig
Maße: 120 x 80 cm

1 | ZUCCHINI ‘TONDO DI NIZZA’ (1×)

Eine traditionelle italienische Zucchinisorte mit runden, hellgrünen Früchten. Sie schmeckt mild, ist sehr zart und wird am besten im jungen Zustand geerntet, weil dann ihr Fruchtfleisch besonders saftig und die Schale noch dünn und zart ist.

2 | STANGENSELLERIE ‘TALL UTAH’ (4×)

Produziert lange, aufrechte, hellgrüne Stiele. Sie haben einen milden Geschmack, sind knackig und nur leicht faserig.

3 | LAUCH ‘HILARI’ (10×)

Das ist eine robuste, mittelfrühe Sorte mit langen, schlanken, hellgrünen Stangen. Sie ist widerstandsfähig gegenüber Kälte und deswegen kann man sie von Herbst bis ins Frühjahr ernten.

4 | ZWIEBEL 'STUTTGARTER RIESEN' (15×)

Diese Sorte stammt, wie der Name verrät, ursprünglich aus Stuttgart und ist eine der bekanntesten Speisezwiebeln. Die Sorte ist sehr zuverlässig, ertragsstark und hat eine gute Lagerfähigkeit.

5 | KAROTTE 'ROTHILD' (20×)

Diese Karottensorte eignet sich besonders gut für Suppen. Sie ist eine späte, große Karotte mit tieforanger Farbe und hat einen würzigen Geschmack. Sie lässt sich gut kochen, lagern und auch einfrieren.

Phoebe liegt auch gerne im Suppenbeet.

ALLES FÜR DIE VASE

Ein Hochbeet wird oft mit Gemüseanbau verbunden, doch es kann noch viel mehr. Es eignet sich ebenso für den Anbau von Schnittblumen, die du dir direkt aus dem eigenen Garten in die Vase holen kannst. So wächst nicht nur etwas Leckeres, sondern auch etwas Schönes. Ganz nach dem Motto: Blütenpracht und Ernteglück.

Im Herbst beginne ich mit dem Setzen von **Tulpenzwiebeln.** Sie überwintern geschützt im Hochbeet und treiben im Frühling zuverlässig aus. Dann kann ich mir den ersten selbst geernteten Frühlingsgruß ins Haus holen. Wenn die Tulpen verblüht sind, ziehen im Frühjahr **Kronen-Anemonen und Ranunkeln** ins Beet ein. Ich ziehe sie drinnen vor und pflanze sie ab April nach draußen. Ihre zarten Blüten in Pastell oder kräftigen Farben bringen Leichtigkeit und Romantik in jeden Strauß. Anschließend ist Platz für farbenfrohe Sommerblumen wie **Dahlien, Zwergsonnenblumen oder Zinnien.** Sie sorgen den ganzen Sommer über, oft bis zum ersten Frost, für frische Blumen in der Vase. Vor allem Dahlien und Zinnien blühen umso reicher, wenn man sie häufig erntet.

Das Beet von März bis Mai

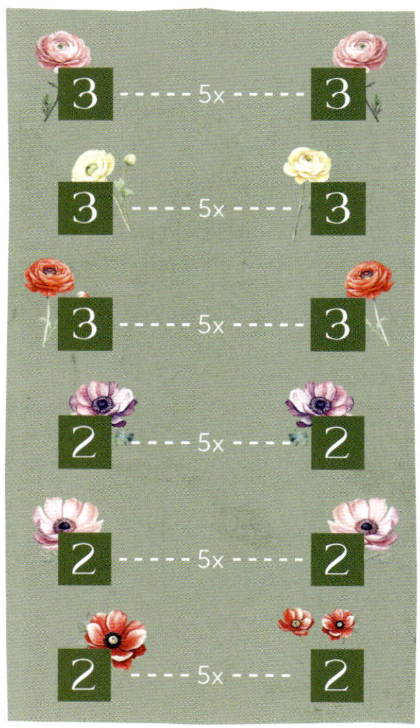

Das Beet von Mai bis Juni

Das Beet von Juni bis Oktober

Standort: sonnig
Maße: 120 x 80 cm

1 | TULPE (49×)
Tulpen gehören zu den klassischen Frühblühern und eignen sich hervorragend als Schnittblumen. Die Zwiebeln werden im Herbst des Vorjahres gepflanzt und ab März strecken sie dann ihre Köpfe aus der Erde. Wenn du Tulpen für die Vase anbauen möchtest, solltest du am besten verschiedene Sorten in den Reihen mischen, um möglichst viel Farb- und Formenvielfalt in den Strauß zu bringen.

2 | KRONEN-ANEMONE (15×)
Die Kronen-Anemone ist eine elegante Frühjahrsblume, die sich wunderschön in der Vase macht. Die zarten Blüten der *Anemone coronaria* erscheinen je nach Pflanzzeit ab März oder April und ihre Blütezeit kann bis in den Juni hinein gehen. Für abwechslungsreiche Sträuße würde ich auch hier verschiedene Farben und Sorten pro Reihe pflanzen.

3 | RANUNKEL (15×)
Ranunkeln zählen zu den Frühlingsblumen und sind sehr beliebt für den Schnitt. Sie begeistern mit ihren rosenähnlichen Blüten in leuchtenden Farben. Die Knollen werden entweder im späten Herbst unter Flies oder im Frühjahr gepflanzt. Sie blühen dann ab April bis in den Juni hinein.

4 | DAHLIE (4×)
Die Dahlie ist eine reichblühende Sommerblume, die ab Hochsommer bis zum ersten Frost durchgehend Blüten liefert. Dafür brauchen Dahlien aber einen vollsonnigen Standort und eine regelmäßige Düngung. Die Ball- und Kaktusdahlien sowie Dekorativen Dahlien halten in der Vase am längsten.

5 | ZWERGSONNENBLUME (2×)
Ein echter Klassiker im Sommergarten und auch in der Vase, der zwischen April und Juni ausgesät wird. Besonders geeignet für den Schnitt sind pollenfreie Sorten, denn sie halten deutlich länger und hinterlassen keinen Blütenstaub.

6 | ZINNIE (6×)
Zinnien zeichnen ihr kräftiger Stiel und ihre lange Blütezeit aus. Sie sind blühstarke Sommerblumen mit einer guten Haltbarkeit in der Vase. Sie werden ab April direkt ins Beet gesät oder vorgezogen. Säe auch hier am besten verschiedene Sorten für mehr Vielfalt aus.

BLÜHSTREIFEN FÜR MEHR VIELFALT

Der Blühstreifen, der meinen Gemüsegarten umgibt, hat eine Funktion: viele Bestäuber in den Garten zu locken. Die können dann wiederum mein Obst und Fruchtgemüse in den Hochbeeten bestäuben und ich habe eine größere Ernte. Der Blühstreifen liegt an einem sonnigen Standort und geht in ein halbschattiges Beet über. Bei der Pflanzenauswahl habe ich darauf geachtet, hauptsächlich trockenheitstolerante Pflanzen ins Beet zu setzen, die die nächsten Jahre nur wenig gegossen werden müssen.

1 | ROSE 'OLIVIA' (2×)

Rosa ‚Olivia' ist eine mehrfach blühende englische Strauchrose mit sanft rosafarbenen, stark gefüllten Blüten, die einen leichten fruchtigen Duft verströmen. Sie ist eine gesunde Rose.

2 | ISLANDMOHN (2×)

Papaver nudicaule beeindruckt mit seinen filigranen Blüten in Gelb, Orange bis Rot, die von Mai bis in den Sommer erscheinen.

3 | GARTENSALBEI 'AMISTAD' (2×)

Salvia 'Amistad' ist nur bedingt winterhart und ein Schmetterlingsmagnet, der im Beet mit seinem faszinierenden Blauton leuchtet.

4 | EHRENPREIS 'BERENICE PINK' (10×)

Veronica longifolia 'Berenice Pink' leuchtet den kompletten Sommer über im Beet und begeistert mit einer außergewöhnlich langen Blütezeit.

Standort: sonnig
Maße: jeweils 4 x 1 m

5 | KATZENMINZE 'PURRSIAN BLUE' (25×)

Nepeta x faassenii 'Purrsian Blue' verströmt einen herrlichen Duft, lockt eine Vielzahl an Insekten in den Garten und hat eine sehr lange Blütezeit.

6 | SPINNENBLUME 'SEÑORITA ROSALITA' (2×)

Cleome spinosa 'Señorita Rosalita' ist in Deutschland nur einjährig, aber versamt sich recht zuverlässig.

7 | DAHLIE 'LUBEGA® POWER BURGUNDY & WHITE' (1×)

Diese Dahliensorte hat einen aufrechten Wuchs und ist gut für Kübel geeignet. Sie hat eine enorme Blütenpracht in Weiß und Rot.

8 | GEADERTE KATZENMINZE 'NEPTUNE' (3×)

Nepeta nervosa 'Neptune' ist eine aufrecht wachsende, duftende Staude, die zahlreiche langrüsselige Insekten in den Garten lockt. In Gruppen gepflanzt, kommt sie besonders schön zur Geltung.

9 | SCHNEE-FELBERICH (6×)

Lysimachia clethroides bevorzugt frischen bis feuchten Boden, bei lehmigem Boden hält er es aber auch im Trockenen gut aus. Er ist eine elegante, winterharte Staude mit weißen Blütenähren. Seine Blüten erinnern an kleine Schneeflocken.

10 | BERGLAUCH 'MILLENIUM' (4×)

Allium 'Millenium' ist ein Muss in jedem Garten. Hier summt und brummt es den Sommer über und er leuchtet im Beet.

11 | PRACHTKERZE 'WHIRLING BUTTERFLIES' (10×)

Gaura lindheimeri 'Whirling Butterflies' darf als Dauerblüher einfach nicht fehlen. Sie ist eine sehr pflegeleichte Staude und fühlt sich vor allem an sonnigen und warmen Standorten wohl.

12 | ROSE 'PRINCESS ANNE' (2×)

Rosa 'Princess Anne' besticht durch ihren Teerosenduft und hat leuchtend rosafarbene Blüten.

HALBSCHATTEN LEICHT GEMACHT

Das halbschattige Beet leuchtet fast genauso wie die sonnigen Beete. Viele Stauden, Sommerblumen und Zwiebelpflanzen fühlen sich an solchen Standorten besonders wohl, denn sie sind vor der heißen Mittagssonne geschützt und bekommen trotzdem genug Licht, um üppig zu wachsen und reich zu blühen. Mein halbschattiges Beet geht sanft in den sonnigeren Blühstreifen rund um den Gemüsegarten über. Einige Pflanzen wiederholen sich in beiden Bereichen und verbinden so Schatten und Sonne zu einem harmonischen Gesamtbild.

1 | WALDERDBEERE 'WALDEMAR' (3×)

Fragaria vesca 'Waldemar' kann sowohl in Gemüse- als auch in Blumenbeete integriert werden. Sie ist wintergrün und produziert viele kleine Früchte.

2 | GRAUSILBRIGES KAUKASUSVERGISSMEINNICHT 'JACK FROST' (4×)

Brunnera macrophylla 'Jack Frost' besitzt schöne silbrige Blätter mit grünen Blattadern. Außerdem bildet er im Frühjahr himmelblaue Blüten.

3 | ZIERLAUCH 'MILLENIUM' (5×)

Allium 'Millenium' ist mit seinen kugeligen Blüten in kräftigem Violett ein echter Bienenmagnet. Sie blühen an sonnigen Standorten kräftiger, aber können auch gut im Halbschatten stehen.

4 | JAKOBSLEITER 'PURPLE RAIN' (3×)

Polemonium yezoense 'Purple Rain' ist eine pflegeleichte und winterharte Staude.

5 | HERBST-ANEMONE 'RED RIDING HOOD' (4×)

Anemone hupehensis 'Red Riding Hood' ist eine besonders elegante winterharte Staude.

6 | PRACHTSPIERE 'VISION WHITE' (4×)

Astilbe 'Vision White' bildet von Juni bis in den Juli große aufrechte, reinweiße Blütenrispen. Die Prachtspiere blüht sogar an schattigen Standorten.

7 | FLACHSLILIE 'COOLVISTA' (2×)

Dianella revoluta 'Coolvista' hat einen stacheligen, aufrechten Wuchs und präsentiert das ganze Jahr über ihre blaugrauen Blätter.

8 | GEMEINE AKELEI 'WINKY DOUBLE ROSE AND WHITE' (2×)

Aquilegia vulgaris 'Winky Double Rose and White' blüht im späten Frühjahr und ist mit ihren zweifarbigen Blüten schon im Frühjahr ein Hingucker.

9 | SILBERKERZE 'BLACK NEGLIGEE' (1×)

Actaea racemosa 'Black Negligee' leuchtet im lichten Schatten mit ihrem dunklen Laubkleid und ihren silbernen Kerzen. Sie kann in den tiefsten Schatten gesetzt werden.

10 | BAUERNHORTENSIE 'CAIPIRINHA' (1×)

Hydrangea macrophylla 'Caipirinha' (im Kübel) zeigt sich beim Aufblühen in einem frischen Limettengrün. Mit der Zeit werden die Blüten cremeweiß.

11 | BAUERNHORTENSIE 'PINK POP' (1×)

Hydrangea macrophylla 'Pink Pop' (im Kübel) mag besonders gerne schattige Plätze. Je sonniger sie steht, desto schneller verliert sie ihre Farbe.

12 | KATZENMINZE 'PURRSIAN BLUE' (6×)

Nepeta x faassenii 'Purrsian Blue' ist eine insektenfreundliche Pflanze, die sich ideal als Beetumrandung eignet.

A | HARLEKINWEIDE 'HAKURO NISHIKI' (1×)

Salix integra 'Hakuro Nishiki' ist die buntlaubige Form der japanischen Weide.

DIE BLÜHENDE MITTE

Dieses runde, eher kleinere Inselbeet habe ich erst in diesem Jahr neu angelegt. Es liegt zentral im Garten und ist von all den anderen gestalteten Bereichen umgeben und damit fast wie ein verbindender Mittelpunkt. Durch seine Lage ist es den ganzen Tag über der Sonne ausgesetzt und eignet sich daher perfekt für wärmeliebende, trockenheitsverträgliche Stauden sowie einige robuste Rosensorten. In der Mitte des runden Beetes steht ein Rosenstämmchen als Blickfang, umgeben von abgestuften Stauden, deren Höhe nach außen hin sanft abnimmt.

1 | STAMMROSE 'EDEN ROSE 85' (1×)

Rosa 'Eden Rose 85' ist in diesem kleinen, runden Inselbeet der Mittelpunkt. Sie hat stark gefüllte Blüten.

2 | ZWERGROSE 'STERNENHIMMEL' (3×)

Rosa 'Sternenhimmel' hat viele kleine rosafarbene Blüten, die die Insekten ins Beet locken.

3 | SCHNEE-FELBERICH (4×)

Lysimachia clethroides hat lange, leicht überhängende weiße Blütenähren und ist einigermaßen winterhart. Er mag es gerne etwas feuchter als die anderen Stauden.

4 | STRAUCHIGER SALBEI 'AMETHYST LIPS' (5×)

Salvia greggii 'Amethyst Lips' besitzt einen auffälligen Duft nach Pfirsich. Er lockt viele größere Insekten in den Garten wie das Taubenschwänzchen. Er blüht unermüdlich und ist je nach Region winterhart.

5 | ZIERLAUCH 'MILLENIUM' (4×)

Allium 'Millenium' ist mit seinen kugeligen Blüten in kräftigem Violett ein echter Bienenmagnet. Sie blühen an sonnigen Standorten kräftiger, aber können auch gut im Halbschatten stehen.

6 | PRACHTKERZE 'GAUDI ROSE' (6×)

Gaura lindheimeri 'Gaudi Rose' ist ein Dauerblüher im Garten. Mit ihren Rosatönen verleiht sie jedem Beet eine romantische Stimmung.

7 | TAUBEN-SKABIOSE 'PINK MIST' (8×)

Scabiosa columbaria 'Pink Mist' blüht unermüdlich und gehört für mich zu den schönsten Skabiosensorten. Sie bildet zarte, rosa- bis altrosafarbene Blütenköpfe.

8 | LAVENDEL 'HIDCOTE BLUE' (8×)

Lavendula angustifolia 'Hidcote Blue' ist eine kompakte, intensiv blauviolett blühende Sorte. Ihr Duft ist einfach nur herrlich, wenn man am Beet vorbeigeht.

9 | KATZENMINZE 'PURRSIAN BLUE' (15×)

Nepeta x *faassenii* 'Purrsian Blue' fasst das Beet wunderschön ein und lockt auch noch viele Insekten in den Garten. Im Sommer einmal zurückgeschnitten, blüht sie noch ein zweites Mal bis in den Herbst hinein.

EIN GELB-VIOLETTES RANDBEET

Im Zuge meiner Entscheidung, mehr Blumenbeete statt Rasenflächen anzulegen, ist dieses geschwungene Beet entstanden. Es liegt größtenteils in der Sonne und bei der Bepflanzung habe ich mich ganz bewusst für meine Lieblingsfarbkombination entschieden: Gelb und Violett. Diese beiden Töne setzen kraftvolle Akzente, strahlen miteinander um die Wette und bringen eine besondere Atmosphäre in den Garten.

1 | GEWÖHNLICHER FRAUENMANTEL (10×)

Alchemilla xanthochlora ist für mich die schönste Beeteinfassung. Bei Regen ist der Lotus-Effekt auf den Blättern magisch und die gelben Blüten ziehen viele Insekten an.

2 | STORCHSCHNABEL 'ROZANNE' (15×)

Geranium wallichianum 'Rozanne' ist ein bodendeckender Dauerblüher, der einen den ganzen Sommer über mit vielen violetten Blüten erfreut.

3 | ÄHRIGE PRACHTSCHARTE (3×)

Liatris spicata ist ein Schmetterlingsmagnet und mit seinen hohen violett- bis rosafarbenen Blütenständen ein Highlight im Beet.

4 | LOBELIE 'BLAUE AUSLESE' (3×)

Lobelia siphilitica 'Blaue Auslese' kann ich nur empfehlen! Sie besitzt dicht besetzte Blütentrauben in einem wunderschön leuchtenden Blau.

5 | MONTBRETIE 'GEORGE DAVIDSON' (3×)

Crocosmia 'George Davidson' ist das gelb blühende Gegenstück zur roten Sorte 'Lucifer'. Sie fällt im Garten mit ihrem hohen Wuchs direkt auf und ist eine absolute Augenweide.

6 | ROSE 'VANESSA BELL' (3×)

Rosa 'Vanessa Bell' hat einen fruchtig-frischen Blütenduft und zartgelbe, dichtgefüllte Blüten. Sie wächst sehr kompakt und buschig und kann auch gut als Dufthecke gepflanzt werden.

7 | TAUBEN-SKABIOSE 'BUTTERFLY BLUE' (6×)

Scabiosa columbaria 'Butterfly Blue' zieht mit ihren offenen blauen Blüten viele Insekten an. Diese Sorte wächst kompakt und bleibt niedrig.

8 | GROSSBLUMIGE MARGERITE (5×)

Leucanthemum x superbum bezaubert den ganzen Sommer über mit ihren zahlreichen Blüten. Die Staude kommt mit jedem Boden zurecht, aber er sollte durchlässig sein.

9 | SONNENHUT 'GOLDSTURM' (4×)

Rudbeckia 'Goldsturm' hat eine sehr lange Blütezeit und gute Winterhärte. Besonders im Herbst ist er ein Hingucker im Blumenbeet.

Standort: sonnig
Maße: 5 x 1m

BEET IM LICHTWECHSEL

Dieses Beet war schwer zu planen, weil es teils im Halbschatten, teils im vollen Schatten liegt. Die Pflanzenauswahl war daher eine Herausforderung.Ich habe gezielt Arten gewählt, die beide Lichtverhältnisse vertragen und so ist ein harmonisches Beet trotz einer anspruchsvollen Lichtlage entstanden.

1 | ROTBLÄTTRIGES SILBERGLÖCKCHEN 'PALACE PURPLE' (20×)

Heuchera micrantha 'Palace Purple' ist eine wunderschöne, immergrüne Beeteinfassung. Wenn es blüht, zieht es viele Bestäuber in den Garten.

2 | GRAUSILBRIGES KAUKASUSVERGISSMEINNICHT 'JACK FROST' (6×)

Brunnera macrophylla 'Jack Frost' besitzt mit die schönsten silbrigen Blätter mit grünen Blattadern, die ich kenne. Außerdem bildet er im Frühjahr zarte, himmelblaue Blüten.

3 | TRÄNENDES HERZ (2×)

Die klassische Variante von *Dicentra spectabilis* hat rosafarbene Blüten in Herzform und gibt dem Garten damit eine unvergleichliche Optik.

4 | ZIERLAUCH 'MILLENIUM' (4×)

Allium 'Millenium' ist mit seinen kugeligen Blüten in kräftigem Violett ein echter Bienenmagnet. Er steht hier im Halbschatten, aber blüht an sonnigeren Standorten im Garten kräftiger.

5 | HERBST-ANEMONE 'SEPTEMBER CHARM' (6×)

Anemone hupehensis 'September Charm' ist eine wunderschöne spätblühende Pflanze mit rosa Blüten und einem ausladenden Wuchs.

6 | PRACHTSPIERE 'RHEINLAND' (4×)

Astilbe japonica 'Rheinland' besitzt strahlend rosa Blütenrispen und ein gefiedertes Blattwerk und leuchtet an schattigeren Standorten. Sie kann bei genügend Feuchtigkeit sonniger stehen.

Standort: halbschattig
Maße: 6 x 2,50 m

7 | BALLHORTENSIE 'PINK ANNABELLE' | 'INVINCIBELLE SPIRIT'® (3×)

Hydrangea arborescens 'Pink Annabelle' beziehungsweise 'Invincibelle Spirit'® bildet besonders große Blütenballe mit einem Durchmesser von 20 cm aus.

8 | STORCHSCHNABEL 'ROZANNE' (10×)

Geranium wallichianum 'Rozanne' ist ein bodendeckender Dauerblüher, der einen den ganzen Sommer über mit vielen violetten Blüten erfreut. Er blüht sogar an schattigeren Plätzen.

9 | JAPANISCHE STECHPALME (2×)

Ilex crenata dient im Beet als winterlicher Blickfang, da sie immergrün ist, und wirkt rund geschnitten besonders dekorativ.

10 | SCHWARZER SCHLANGENBART 'NIGER' (8×)

Ophiopogon planiscapus 'Niger' ist im Hochsommer wirkungsvoll mit leuchtendem Blütenschmuck. Sein fast schwarzes Laubwerk setzt kontrastreiche Akzente im Beet.

11 | FUNKIE 'ELEGANS' (3×)

Hosta sieboldiana 'Elegans' kann ich wirklich nur jedem für schattige Standorte empfehlen. Sie ist eine tolle Blattschmuckstaude, die allerdings gerne von den Schnecken angefressen wird.

12 | HERBST-ANEMONE 'WILD SWAN' (5×)

Anemone x *cultorum* 'Wild Swan' verleiht halbschattigen bis schattigen Standorten mit ihren zahlreichen, weißen Blüten etwas Magisches.

13 | TRÄNENDES HERZ 'ALBA' (3×)

Dicentra spectabilis 'Alba' gibt dem Beet eine elegante Note mit seinen zurückhaltenden, schneeweißen Blüten. Diese winterharte Staude zieht sich nach der Blüte in den Boden zurück.

14 | BALLHORTENSIE 'PINK POP' (7×)

Hydrangea macrophylla 'Pink Pop' bevorzugt schattige Standorte und steht hier in Kübeln – sowohl in der Mitte des Inselbeets als auch als Abgrenzung zum Zaun.

INSEKTENFREUNDLICHES DAHLIENBEET

Dieses Beet war mein Herzensprojekt. Meine Liebe zu Dahlien wächst von Jahr zu Jahr, und so durfte erneut ein Stück Rasen weichen, um Platz für ein eigenes Dahlienbeet zu schaffen. Da diese Blumen nicht besonders insektenfreundlich sind, habe ich sie mit vielen verschiedenen Stauden kombiniert. So ist ein harmonisches Beet entstanden, das üppig blüht, viele Schnittblumen liefert und gleichzeitig den Insekten Nahrung bietet.

1| ROSE 'HEIDETRAUM' (8×)

Rosa 'Heidetraum' ist eine wunderschöne bodendeckende Rose mit vielen halbgefüllten Blüten, die die Insekten lieben.

2 | SOMMERSPIERE 'SUPERSTAR' (5×)

Spiraea japonica 'Superstar' ist ein kompakter Zierstrauch mit roten bis rosaroten Blütendolden und einer schönen Herbstfärbung.

3 | SCHEINSONNENHUT 'ALBA' (1×)

Echinacea 'Alba' wird besonders hoch und zieht mit seinen weißen Blüten viele Insekten in den Garten. Bei regelmäßigem Ausputzen blüht er weiter.

4 | SCHEINSONNENHUT 'SENSATION PINK' (7×)

Echinacea 'Sensation Pink' beeindruckt durch seine knalligen Blüten und ist im Beet ein Dauerblüher.

5 | FETTHENNE 'HERBSTFREUDE' (5×)

Sedum telephium 'Herbstfreude' ist eine robuste, pflegeleichte Staude mit einer wunderschönen Herbstfärbung. Sie ist sehr anfängergeeignet.

6 | FETTHENNE 'KARFUNKELSTEIN' (4×)

Sedum telephium 'Karfunkelstein' hat fleischige, purpurfarbene Blätter und Blütenstände in kräftigem Pink. Einfach ein tolles Farbspiel!

7 | RUTENHIRSE 'NORTHWIND' (4×)

Panicum virgatum 'Northwind' besticht durch seinen straff aufrechten Wuchs. Sein blaugrünes Laub verfärbt sich im Herbst gelbgold.

8 | DAHLIE 'DIVA' (1×)

Dahlia 'Diva' ist eine der schönsten purpurfarbenen Dahlien, die Eleganz und Spannung in den Garten bringen.

9 | DAHLIE 'LAVENDER PERFECTION' (1×)

Dahlia 'Lavender Perfection' ist einfach ein Klassiker im Sommergarten und bringt Unmengen große, lavendelfarbene Blüten hervor.

10 | DAHLIE 'BOOM BOOM WHITE' (1×)

Dahlia 'Boom Boom White' ist mit schneeweißen Blüten ein Blickfang und blüht an kräftigen Stielen.

11 | DAHLIE 'CORNEL BRONS' (1×)

Dahlia 'Cornel Brons' hat zwar nicht die größten Blüten, aber ist sehr reichblühend, standfest und hat warme Kupfertöne.

12 | DAHLIE 'OMEGA' (1×)

Dahlia 'Omega' ist meine absolute Empfehlung an dich! Die Blüten werden bis zu 20 cm groß.

13 | DAHLIE 'TWYNING'S WHITE CHOCOLATE' (2×)

Dahlia 'Twyning's White Chocolate' gehört zu den wenigen insektenfreundlichen Dahlien. Sie ist sehr zierlich und bildet viele kleinere Blüten aus.

14 | DAHLIE 'DAISY DUKE' (1×)

Dahlia 'Daisy Duke' ist ein Power Paket. Sie bildet mehr Blüten als man ernten kann und hat einen wunderschönen Farbverlauf.

15 | DAHLIE 'X-FACTOR' (1×)

Dahlia 'X-Factor' kombiniert riesige Blüten mit einem markanten Bordeaux-Weiß-Kontrast und hält Regen erstaunlich gut stand.

16 | BALKAN-BÄRENKLAU 'WHITE LIPS' (3×)

Acanthus 'White Lips' solltest du insbesondere für die größeren Insekten im Garten pflanzen.

Pflege

BEWÄSSERUNG

Die Bewässerung spielt inzwischen eine entscheidende Rolle, denn die Sommer, aber auch das Frühjahr und der Herbst, werden immer wärmer und trockener. Es gibt verschiedene Möglichkeiten, Wasser effizient und zeitsparend einzusetzen, und dabei sollten einige Punkte beachtet werden.

WANN SOLLTE ICH AM BESTEN GIESSEN?

Die Tageszeit spielt beim Gießen eine wichtige Rolle. Am besten wird früh am Morgen gegossen, denn dann ist der Boden noch kühl, das Wasser verdunstet nur wenig und die Pflanzen können den Tag gut versorgt beginnen. Wer abends gießt, riskiert, dass die Pflanzen über Nacht feucht bleiben, was ein idealer Nährboden für Pilzkrankheiten ist und auch gerne die Nacktschnecken anlockt.

WIE OFT UND WIE VIEL SOLLTE ICH GIESSEN?

Bei der richtigen Wassermenge lautet die Faustregel: lieber seltener, dafür durchdringend gießen. Tägliches, oberflächliches Wässern fördert flaches Wurzelwachstum, macht Pflanzen anfälliger für Trockenheit und verschwendet Wasser. Stattdessen ist es sinnvoll, den Boden ein- bis zweimal pro Woche gründlich zu durchfeuchten.

Ein gutes Indiz für den richtigen Gießzeitpunkt ist das Welkestadium. Das bedeutet, dass man die Pflanzen an ihre Grenzen bringen sollte. Sie dürfen ruhig ihre Blätter einrollen oder ihre Blüten hängen lassen, denn dann ist genau der richtige Zeitpunkt, um ausgiebig zu gießen und die Pflanzen werden gezwungen tiefer zu wurzeln.

An besonders heißen Tagen darf auch zweimal täglich gegossen werden, allerdings immer bodennah und ohne die Blätter zu benetzen.

Tipp

Ein einfacher Test: Stecke den Finger einige Zentimeter tief in die Erde. Fühlt sie sich trocken an, ist es Zeit zu gießen. Ist der Finger feucht, kann man noch ein bis zwei Tage mit dem Gießen warten.

ACHTE AUF DEN BODEN!

Nicht jeder Boden hält das Wasser gleich gut. Sandige Böden lassen Wasser schnell versickern und müssen häufiger gegossen werden. Lehmige Böden speichern Feuchtigkeit länger, die Gefahr von Staunässe ist hier aber größer. Eine Mulchschicht aus Rasenschnitt, Stroh oder Kompost hilft, die Feuchtigkeit im Boden zu halten, schützt vor Austrocknung und verbessert dabei sogar die Bodenstruktur.

WELCHE GIESSMETHODE IST DIE EFFIZIENTESTE?

Es gibt viele Wege, dem Garten Wasser zuzuführen. Die klassische Methode ist das Gießen mit einem **Schlauch** oder einer **Gießkanne**. Bei dieser Methode verschwendet man allerdings viel Wasser, da man nicht punktuell gießt. Das gilt auch für das Bewässern mit einem **Rasensprenger**. Es ist weniger effizient und es geht viel Wasser durch Verdunstung verloren. Daher sollte man am besten mit einem **Gießstab** arbeiten. Das ist ein Aufsatz für einen Schlauch, der einen verlängerten Arm darstellt und so kann man ohne Probleme direkt an der Wurzel der Pflanze gießen.

Ein Gießstab ermöglicht es, Pflanzen schonend und gezielt zu wässern.

Eine sehr effektive Methode ist die **Tröpfchenbewässerung**. Dadurch bekommen die Pflanzen tröpfchenweise Wasser zugefügt und das direkt an der Wurzel. Die Anschaffung ist etwas teuer, allerdings geht auf diesem Weg kaum Wasser verloren und es wird deutlich weniger Wasser verbraucht.

Die Bewässerung mit sogenannten **Ollas** bietet sich vor allem für Hochbeete an. Ollas sind unglasierte Tonkrüge, die ursprünglich aus Mittelamerika kommen und schon vor Jahrtausenden als Bewässerungssysteme verwendet wurden. Sie werden zu zwei Dritteln in die Erde gesetzt und geben durch den porösen Ton nach und nach Wasser in die Erde ab und immer nur genau so viel, wie die Pflanzen benötigen. Eine Olla kann mehrere Pflanzen in ihrer Umgebung versorgen. Man muss sie nur alle paar Tage mit Wasser auffüllen. Diese Methode bietet sich gerade bei Pflanzen an, die ungern von oben gegossen werden, wie z. B. Tomaten, denn das Blattwerk bleibt trocken und die Wurzeln werden direkt versorgt.

Olla

WEITERE GIESS-TIPPS

- Nutze Regenwasser, wann immer es möglich ist.
- Gieße möglichst bodennah.
- Vermeide das Gießen bei starker Sonne oder Wind.
- Installiere Zeitschaltuhren oder Feuchtigkeitssensoren für automatische Systeme.

DÜNGUNG

Eine ausgewogene Düngung ist entscheidend für eine üppige Blütenpracht und eine reiche Ernte, daher solltest du sie keinesfalls unterschätzen. Pflanzen in klassischen Gartenbeeten können sich zwar einen Teil ihrer Nährstoffe selbst aus dem Boden holen, dennoch ist eine gezielte Nährstoffzufuhr wichtig.

Sowohl meine Zierpflanzen als auch mein Obst und Gemüse brauchen eine regelmäßige und gezielte Nährstoffversorgung, damit sie gesund wachsen und zuverlässig blühen oder Früchte tragen. Starkzehrer unter den Zierpflanzen, wie die Dahlien, dünge ich in den Sommermonaten etwa alle zwei Wochen, damit sie ihre volle Blütenpracht entfalten können.

Bei Hortensien und auch bei den Blaubeeren achte ich besonders auf den passenden pH-Wert und verwende einen speziellen Hortensiendünger, der den Boden sauer macht und die Blütenbildung unterstützt.

Kübelpflanzen benötigen am meisten Aufmerksamkeit, da ihnen nur die Nährstoffe zur Verfügung stehen, die man ihnen gibt. Im Frühjahr arbeite ich einen passenden Langzeitdünger wie Hornspäne ein und gebe während der Saison noch einen Flüssigdünger.

Auch mein Obst und Gemüse in den Hochbeeten profitiert von einer kontinuierlichen Düngung. Etwa alle zwei Wochen gebe ich einen Gemüsedünger, damit die Pflanzen genug Kraft für die Fruchtbildung haben. Zusätzlich arbeite ich am Anfang der Saison Kompost in die Erde ein.

Mein absoluter Lieblingsdünger für meinen Gemüsegarten!

Regelmäßiges Düngen fördert Blütenpracht und Ernteglück.

NÜTZLINGE

Nützlinge im Garten gehören ebenfalls zur Pflege, denn wenn sie sich in unseren Gärten wohlfühlen, haben wir weniger mit Schädlingen zu kämpfen. Ein gesunder Garten lebt nämlich von einer Vielzahl an Nützlingen, die helfen, Schädlinge in Schach zu halten, Pflanzen zu bestäuben und den Boden fruchtbar zu machen.

INSEKTENFRESSER

Insektenfresser wie Marienkäfer, Florfliegenlarven, Raubwanzen und Spinnen halten Blattläuse, Raupen und andere Schädlinge natürlich in Schach.

PFLANZENFRESSER ALS FUTTERGRUNDLAGE

Pflanzenfresser wie Grashüpfer, Raupen, Blattkäfer oder Wanzen sind eine wichtige Nahrungsquelle für viele Tiere und damit ein unverzichtbarer Teil des natürlichen Gleichgewichts. Wo sie sich aufhalten, kommen auch die Nützlinge.

BESTÄUBER

Wildbienen, Honigbienen, Hummeln und Schmetterlinge wie das Taubenschwänzchen sichern durch ihre Bestäubungsarbeit den Fruchtansatz von Obst, Gemüse und Zierpflanzen.

BODENHELFER

Regenwürmer, Asseln und Tausendfüßler lockern den Boden, zersetzen organisches Material und bilden wertvollen Humus.

WIRBELTIERE

Viele Tiere wie verschiedene Vogelarten, Igel, Eidechsen oder Frösche fressen große Mengen an Insekten und unterstützen auf natürliche Weise das Gleichgewicht im Garten.

SCHNECKENHELFER

Schnegelarten und Gehäuseschnecken wie die Weinbergschnecke fressen abgestorbene Pflanzenreste und vor allem die Eier schädlicher Schnecken. Damit leisten sie einen wichtigen Beitrag zur Vorbeugung von Schneckenplagen.

SCHÄDLINGE

Ein gesunder Garten zieht nicht immer nur nützliche Insekten, sondern leider auch ungebetene Gäste an, und zwar die Schädlinge. Sie können Pflanzen schwächen, Ernten schmälern und vor allem die Freude am Gärtnern trüben. Ich habe hier mal die bekanntesten Gartenplagegeister im Überblick aufgeführt.

BLATTLÄUSE

Blattläuse gehören zu den häufigsten Schädlingen im Garten. Sie treten meist in großen Kolonien auf und setzen sich bevorzugt an junge Triebe, Knospen und die Blattunterseiten. Dort saugen sie den Pflanzensaft aus, was zu gekräuselten, deformierten Blättern und einem geschwächten Pflanzenwachstum führt. Zusätzlich scheiden sie klebrigen Honigtau aus, der nicht nur Ameisen anlockt, sondern auch das Wachstum von Rußtaupilzen begünstigt.

WAS TUN?

- Nützlinge gezielt fördern: Marienkäfer, Florfliegen, Schlupfwespen oder auch Schwebfliegen sind natürliche Feinde der Blattlaus. Um sie in deinen Garten zu locken, kannst du bestimmte Pflanzenarten integrieren, die ihnen Nahrung und Lebensraum bieten. Besonders geeignet sind Borretsch, Dill, Schafgarbe, Sonnenhut und Wilde Möhre.
- Frühzeitiges Handeln bei leichtem Befall: Bei Blattläusen spielt das Timing häufig eine wichtige Rolle. Sobald du erste Blattläuse entdeckst, kannst du sie mit einem feuchten Küchenpapier und etwas Seife abwischen. Alternativ hilft das Einsprühen mit einer milden Seifenlösung (z. B. 1 Liter Wasser mit 1 EL Kernseife und einem Spritzer Pflanzenöl).
- Mit Brennnesseln vorbeugen: Einer der besten Tipps, wenn es um Blattläuse geht, ist ein Brennnessel-Spray. Das wirkt abschreckend auf Blattläuse und stärkt gleichzeitig die Pflanze. Diese Sprays gibt es schon fertig zu kaufen oder man macht es selbst: Dafür etwa 20 g frische Brennnesseln in 1 Liter Wasser 12–24 Stunden ziehen lassen, abseihen und unverdünnt aufsprühen.
- Ameisen beobachten und fernhalten: Ameisen ziehen ganze Blattlauskolonien auf, da sie ihren Honigtau lieben. Wenn du viele Ameisen auf befallenen Pflanzen siehst, ist das ein Hinweis auf ein größeres Problem. Verhindere, dass sie Blattläuse schützen und greife da sofort ein.

SCHNECKEN

Nicht jede Schnecke ist gleich ein Schädling! Schädlich im Garten sind vor allem die rot-braunen Wegschnecken wie die Spanische Wegschnecke oder Ackerschnecke, weil sie junge Pflanzen und Gemüse anfressen. Nützlich sind dagegen Tigerschnegel und Gehäuseschnecken, die vor allem abgestorbenes Material und Schneckeneier fressen.

WAS TUN?

- Jungpflanzen schützen: Setze direkt nach dem Auspflanzen Schneckenkrägen ein. Sie bilden eine zuverlässige Barriere und schützen junge Pflanzen. Ältere, gut eingewurzelte Pflanzen verkraften Schneckenfraß meist besser.

- Schneckenzäune für Hochbeete: Ein Metallzaun hindert Schnecken daran, in das Beet hineinzugelangen. Allerdings sollte keine Pflanze über den Rand hängen, denn sonst entsteht eine Brücke.

Tipp

Setze schneckenresistente Pflanzen wie Alchemilla, Geranium oder Nepeta.

Kontrolliere deine
Pflanzen regelmäßig
auf Schädlinge und
setze beim Bekämpfen
auf biologische Mittel.

WEISSE FLIEGE

Die Weiße Fliege gehört zu den Mottenschildläusen und tritt vor allem an Tomaten, Kohl, Gurken und Paprika auf, besonders in warmen, windgeschützten Bereichen wie dem Gewächshaus. Sie sitzt bevorzugt auf den Blattunterseiten und saugt Pflanzensaft, was die Pflanzen schwächt. Da sie sich sehr schnell vermehrt, ist frühes Eingreifen wichtig.

WAS TUN?

- Pflanzen regelmäßig kontrollieren: Vor allem die Blattunterseiten im Blick behalten, um früh gegenzusteuern.
- Gelbtafeln aufhängen: Sie ziehen die Weißen Fliegen an und sind ein frühzeitiger Hinweis auf einen Befall.
- Neemöl oder Schmierseifenlösung einsetzen: Bei stärkerem Befall hilft das gezielte Einsprühen mit einer Neemöl-Lösung oder einer milden Seifenlösung (z. B. 1 Liter Wasser mit 1 EL Schmierseife).

SPINNMILBEN

Diese winzigen Schädlinge treten vor allem bei Trockenheit auf. Sie befallen Zier- und Gemüsepflanzen, hinterlassen feine Gespinste und verursachen gelblich punktierte Blätter. Sie kommen auch gerne im Indoor-Bereich bei Grünpflanzen wie Strelitzien oder auch an Zitruspflanzen vor.

WAS TUN?

- Luftfeuchtigkeit prüfen: Gerade im Indoor-Bereich solltest du die Luftfeuchtigkeit erhöhen und deine Grünpflanzen regelmäßig mit Wasser besprühen.
- Biologische Mittel einsetzen: Zusätzlich kannst du auch hier mit Neemöl oder Rapsölpräparaten arbeiten.

AMEISEN

Ameisen gelten nicht direkt als Pflanzenschädlinge, können aber indirekt großen Schaden anrichten, vor allem durch ihre enge Zusammenarbeit mit Blattläusen, die sie wie Nutztiere halten, um den süßen Honigtau zu ernten. Dadurch fördern sie Blattlauskolonien aktiv und verteidigen diese sogar gegen Fressfeinde. Außerdem können Ameisennester im Wurzelbereich von Kübel- oder Beetpflanzen oder sogar in Hochbeeten das Wachstum stören.

WAS TUN?

- Zimt, Kaffee oder Rosmarin einsetzen: Zur Abschreckung der Tiere kannst du Wege und Beete mit Zimtpulver, Kaffeesatz oder Rosmarin bestreuen. Diese stark duftenden Substanzen wirken auf Ameisen abschreckend, sodass sie die behandelten Bereiche meiden.

TRAUERMÜCKEN

Trauermücken sind kleine, dunkle Fliegen, die besonders bei der Anzucht auftreten. Die erwachsenen Tiere sind lästig, doch die Larven schädigen die Pflanzen, indem sie die feinen Wurzeln fressen. Dadurch wachsen die Pflanzen schlechter, welken schneller und werden anfälliger für Krankheiten.

WAS TUN?

- Gelbtafeln aufstellen:
  Sie locken die erwachsenen Trauermücken an und zeigen früh, wie stark der Befall ist.
- Erde trockener halten:
  Da Trauermücken feuchte Bedingungen lieben, immer die oberste Erdschicht leicht antrocknen lassen.
- Nematoden einsetzen:
  Die Nützlinge werden ins Gießwasser gegeben und bekämpfen gezielt die Larven im Boden.
- Sandschicht:
  Eine 1–2 cm dicke Sandschicht auf der Erde verhindert, dass die erwachsenen Mücken neue Eier ablegen.

LEGENDE

sonnig: Diese Pflanze gedeiht am besten an vollsonnigen Standorten.

halbschattig: Die Pflanze bevorzugt Standorte mit zeitweiligem Schatten.

schattig: Diese Pflanze wächst gut an überwiegend schattigen Plätzen.

schneckensicher: Schnecken meiden diese Pflanze weitgehend.

bienen- & insektenfreundlich: Die Pflanze bietet Nahrung für Bienen und andere nützliche Insekten.

Schmetterlingsmagnet: Diese Pflanze zieht besonders viele Schmetterlinge an.

winterhart: Diese Pflanze übersteht den Winter im Freien ohne besonderen Schutz.

Schnittblume: Diese Pflanze lässt sich hervorragend schneiden und für frische Blumensträuße verwenden.

Blütezeit

Wuchshöhe

Wuchsbreite

Pflanzdichte

Giftpflanze

Vasenleben

weitere favorisierte Sorten

Duftintensität

Blüte

Pflanzen-
porträts

FRÜHBLÜHER UND FRÜHBLÜHENDE STAUDEN

Frühblüher sind im Garten von unschätzbarem Wert und das nicht nur, weil sie nach dem Winter die ersten Farbtupfer setzen, sondern auch, weil sie den Insekten schon früh im Jahr lebenswichtige Nahrung bieten. Natürlich sind nicht alle Frühblüher gleich wertvoll für die Insektenwelt, aber viele können wir auch als Schnittblumen für uns selbst in die Beete setzen. Die meisten Frühblüher werden bereits im Herbst oder Winter des Vorjahres gesetzt (siehe Seite 65). Dann ruhen die Zwiebeln und Knollen unter der Erde, bis sie im zeitigen Frühjahr nach und nach ihre Köpfe durch die Erde stecken.

Neben den klassischen Zwiebelblumen gibt es auch einige frühblühende Stauden, die nicht nur uns mit ihrer Blütenpracht erfreuen, sondern zugleich wertvolle erste Nahrungsquellen für unsere Bestäuber im Garten sind.

KRONEN-ANEMONE

Anemone coronaria ‘Galilee’

Dieser Frühblüher ist ein Muss, wenn man seine eigenen Schnittblumen anbaut. Man kann die Kronen-Anemone ‘Galilee’ entweder im Herbst setzen und mit Vlies im Winter schützen oder sie im Frühjahr im Haus vorziehen und anschließend nach draußen setzen. Bei der ersten Variante blühen sie aber deutlich früher und sie kommen auch recht zuverlässig jedes Jahr wieder.

- April bis Juni
- 20 bis 30 cm
- 10 bis 15 Stück pro Quadratmeter
- giftig
- Sie halten sich ca. 7 Tage in der Vase, wenn man sie kurz vorm Öffnen der Knospen erntet.
- ‘Die Braut’, ‘Barbie’

KROKUS

Crocus tommasinianus‘ Ruby Giant’

Neben Schneeglöckchen und Winterlingen zählen Krokusse zu den klassischen Frühlingsboten. Sie verwildern leicht und breiten sich im Laufe der Jahre zunehmend aus. Zum Schutz vor Mäusefraß sollten die zarten Zwiebeln jedoch gut gesichert werden.

- Februar bis März
- 10 cm
- 100 bis 150 Stück pro Quadratmeter
- schwach giftig
- ‘Remembrance’, ‘Hummingbird’, ‘Pickwick’

RANUNKEL

Ranunculus asiaticus ‘Amandine Violet’,

Ranunkeln wirken wie zarte, kleine Pfingstrosen und eignen sich perfekt als haltbare Schnittblumen. Sie können ähnlich wie Kronen-Anemonen bereits im Herbst gepflanzt werden, oder man zieht sie im Frühjahr im Haus vor und pflanzt sie anschließend in den Garten. Die Sorte ‘Amandine Violet’ leuchtet in einem intensiven Fuchsia-Violett.

- April bis Juni
- 25 bis 40 cm
- 20 Stück pro Quadratmeter
- giftig
- Erntet man sie kurz bevor sich die Knospen öffnen, halten sie ca. 10 Tage in der Vase.
- ‘Reinette’, ‘Butterfly’

TRAUBENHYAZINTHE

Muscari aucheri 'White Magic'

Die Traubenhyazinthen gehören zu den ersten Blumen im zeitigen Frühjahr und bieten dann bereits Nektar und Pollen für Bestäuber wie Bienen und Hummeln. Sie sind daher eine wertvolle Nahrungsquelle für früh startende Wildbienen. Die Sorte 'White Magic' hat mehrere weiße Blüten, die einen herrlich süßen Duft haben.

März bis April

15 cm

50 Stück pro Quadratmeter

schwach giftig

'Pink Sunrise', 'Lady Madonna'

TROMPETEN-NARZISSE

Narcissus pseudonarcissus 'Mount Hood'

Diese Sorte gilt als eine der zuverlässigsten weißen Narzissen überhaupt. In der Aufblühphase ist 'Mount-Hood' cremegelb und wird dann mit der Zeit elfenbeinweiß.

März bis April

45 cm

20 Stück pro Quadratmeter

giftig

Bis zu 12 Tage und am besten schneiden, wenn die Blüten noch geschlossen sind.

'Die Braut', 'Barbie'

TULPE

Tulipa x hybrida 'Pink Impression'

Die pinke Tulpe 'Pink Impression' gehört zu den Darwin-Hybriden und beeindruckt mit ihren großen, zartrosa bis kräftig pinken Blüten. Sie ist standfest, hat eine lange Blütezeit und eignet sich ideal für den Schnitt.

April

45 bis 55 cm

25 Stück pro Quadratmeter

giftig

Sobald die Knospen Farbe zeigen, halten sie sich noch etwa 8 Tage.

'White Emperor', 'Queen of Night'

AKELEI

Aquilegia caerulea 'Spring Magic White'

Die Akelei blüht schon früh im Jahr und bringt Romantik in den Garten. Besonders ungefüllte Sorten wie 'Spring Magic White' sind bei Wildbienen und Hummeln sehr beliebt. Durch ihren langen und starken Stiel eignet sich die Akelei auch als Schnittblume.

- Mai bis Juni
- 20 bis 30 cm
- 10 Stück pro Quadratmeter
- giftig
- Sobald die Blüten geöffnet sind, können sie geschnitten werden und halten dann 7 bis 10 Tage in der Vase.
- 'William Guiness', 'Winky Double Rose and White'

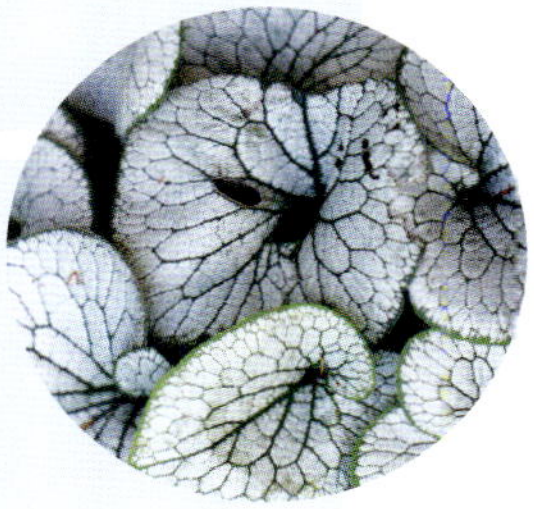

KAUKASUS-VERGISSMEINNICHT

Brunnera macrophylla 'Jack Frost'

Das Kaukasus-Vergissmeinnicht 'Jack Frost' bezaubert im Halbschatten mit seinen silbrig überzogenen, herzförmigen Blättern. Im Frühjahr bringt es mit seinen zahlreichen kleinen, himmelblauen Blüten leuchtende Farbtupfer in dunklere Gartenbereiche und sorgt so für einen zauberhaften Start in die Saison.

- April bis Mai
- 20 bis 40 cm
- 8 bis 10 Stück pro Quadratmeter
- 'Silver Heart'

TRÄNENDES HERZ

Dicentra spectabilis

Das Tränende Herz ist etwas ganz Besonderes im Garten. Es ist eine ausdauernde, krautig wachsende Staude, die eine unvergleichbare Optik hat. Sie verleiht dem Beet eine elegante, romantische Note und nach der Blütezeit zieht sie sich vollständig in den Boden zurück.

- Mai bis Juni
- 60 bis 80 cm
- 1 bis 3 Stück pro Quadratmeter
- giftig
- 'Alba', 'Valentine'

TRÄNENDES HERZ

Lamprocapnos spectabilis 'Alba'

Das Tränende Herz 'Alba' ist eine elegante Schattenstaude mit weißen, herzförmigen Blüten. Es blüht von Mai bis in den Juni und zieht danach in den Boden ein.

Mai bis Juni

60 bis 80 cm

1 bis 3 Stück pro Quadratmeter

leicht giftig

'Valentine'

ZIERLAUCH

Allium aflatunense 'Purple Sensation'

Der Zierlauch 'Purple Sensation' hat leuchtende Kugelbälle, die mit einem Durchmesser von ca. 10 cm im Beet richtig was hermachen. Er vermehrt sich zuverlässig durch Brutzwiebeln und bringt Jahr für Jahr neue Blüten hervor. Seine nektarreichen Blüten sind ein wahrer Magnet für Bienen, Hummeln und auch Schmetterlinge.

Mai bis Juni

80 cm

20 bis 25 Stück pro Quadratmeter

leicht giftig

Etwa 10 Tage, wenn rund ein Drittel geöffnet ist.

'Globemaster', 'Ambassador', 'Mount Everest', Allium schubertii

ZIERLAUCH

Allium stipitatum 'Mount Everest'

Der Zierlauch 'Mount Everest' hat große, weiße, kugelförmige Blütenständen auf hohen Stielen. Sie eignet sich hervorragend als Schnitt- und Trockenblume.

Mai bis Juni

90 bis 120 cm

12 bis 15 Stück pro Quadratmeter

giftig für Haustiere

Etwa 10 Tage, wenn rund ein Drittel geöffnet ist.

'Globemaster', 'Ambassador', 'Schubertii'

STAUDEN FÜR DIE SONNE

An einem sonnigen Standort mit mehr als sechs Sonnenstunden täglich fühlen sich viele wärmeliebende Stauden besonders wohl. Dort entfalten sie ihre volle Blütenpracht und zeigen leuchtende Farben, die den ganzen Sommer hinweg strahlen. Viele dieser Sonnenliebhaber kommen auch mit trockeneren Bedingungen zurecht, was sie besonders pflegeleicht und robust macht. Zugleich sind sie äußerst wertvoll für Insekten, denn ihre Blüten bieten reichlich Nektar und Pollen und tragen so zum Erhalt der Artenvielfalt im Garten bei.

Stauden sind mehrjährige, krautige Pflanzen, die zumeist im Herbst oberirdisch absterben und ab dem Frühjahr aus ihren unterirdischen Teilen wie den Wurzeln, Rhizomen oder Knollen wieder neu austreiben.

ÄHRIGE PRACHTSCHARTE

Liatris spicata 'Floristan Violett'

Die Ährige Prachtscharte besitzt einen grasartigen Blattschopf und zieht in ihrer Blütezeit viele Schmetterlinge an. Die violett- bis rosafarbenen Blütenstände der Sorte 'Floristan Violett' sind ein Hingucker und sie ist außerdem eine beliebte Schnittblume.

Juli bis September

30 bis 80 cm

10 bis 12 Stück pro Quadratmeter

'Kobold'

BALKAN-BÄRENKLAU

Acanthus hungaricus 'White Lips'

Der Balkan-Bärenklau hat markant große Blütenstände und ist ein Magnet für Hummeln und Holzbienen. Durch seine imposante Größe kann die Sorte 'White Lips' gut nach hinten ins Beet gesetzt werden und breitet sich dort dann gerne aus.

Juni bis August

60 bis 100 cm

4 Stück pro Quadratmeter

EHRENPREIS

Veronica spicata 'Berenice Pink'

Der Ehrenpreis ist bekannt für seine lange Blüte, die durch einen Rückschnitt in den Sommermonaten ermöglicht wird. Nach der ersten Blühphase treibt er rasch neu aus und zeigt über viele Wochen hinweg immer neue, zarte Blütenähren. Die Sorte 'Berenice Pink' ist eine kompakte, reichblühende Ehrenpreissorte, die von Frühsommer bis Spätsommer zahlreiche schlanke, rosapinke Blütenkerzen bildet.

Juni bis Oktober

40 cm

7 bis 9 Stück pro Quadratmeter

'Kentish Pink',
'Blue Cadet Nestor'

SALBEI

Salvia x cultorum 'Amistad'

Salbei zieht mit seinem Duft Schmetterlinge magisch an und ist dabei eine Augenweide! Die Sorte 'Amistad' hat einen faszinierenden Blauton und die Blütezeit kann durch einen Rückschnitt verlängert werden. Aber Achtung, er ist nur bis zu –5 °C winterhart und braucht eine dicke Mulchschicht im Winter.

Juni bis Oktober

60 bis 90 cm

5 bis 9 Stück pro Quadratmeter

'Pink Amistad'

GEADERTE KATZENMINZE

Nepeta nervosa 'Neptune'

Die Geaderte Katzenminze 'Neptune' gehört zu den Dauerblühern im Garten. Ihre ausgeprägte Hitze- und Trockenheitstoleranz, robuste Winterhärte sowie ihr geringer Pflegeanspruch machen sie zu einer absoluten Anfängerpflanze.

Mai bis September

20 bis 50 cm

8 bis 10 Stück pro Quadratmeter

'Pink Cat'

PURPUR-FETTHENNE

Sedum telephium 'Karfunkelstein'

Die Purpur-Fetthenne 'Karfunkelstein' hat ein sehr dekoratives, dunkelrotes Laub und sticht in Kombination mit hellblühenden Stauden oder Gräsern im Beet besonders hervor. Die Blüten der Fetthenne haben sehr starke Stiele und sehen in einem Gartenstrauß wunderschön aus.

August bis September

40 bis 50 cm

6 bis 8 Stück pro Quadratmeter

Hält sich in der Vase 10 Tage und kann in jedem Stadium geschnitten werden.

PURPUR-FETTHENNE

Sedum telephium 'Herbstfreude'

'Herbstfreude' ist eine robuste Sorte mit großen Blüten. Die insektenfreundliche Staude bezaubert das ganze Jahr über mit ihrem Anblick und hat eine besonders schöne Färbung im Herbst. Sie zählt zu den wichtigsten Spätblühern für bestäubende Insekten und ist gleichzeitig eine wunderschöne Schnittblume im Gartenstrauß.

August bis September

50 bis 70 cm

4 bis 6 Stück pro Quadratmeter

Hält sich in der Vase bestimmt 10 Tage und kann in jedem Stadium geschnitten werden.

KATZENMINZE

Nepeta x faasseni 'Purrsian Blue'

Die Katzenminze 'Purrsian Blue' ist eine besonders kompakte, reichblühende Sorte. Sie kann wunderbar als Beetumrandung eingesetzt werden und lockt dabei viele Insekten in den Garten. Sie hat einen herrlichen Duft und mit einem Rückschnitt im Juli blüht sie zu einem späteren Zeitpunkt noch ein zweites Mal.

Mai bis September

20 bis 40 cm

4 bis 5 Stück pro Quadratmeter

'Alba', 'Blue Wonder'

LOBELIE

Lobelia siphilitica 'Blaue Auslese'

Die Lobelie besitzt dicht besetzte Blütentrauben und die Sorte 'Blaue Auslese' leuchtet in einem wunderschönen Blau. Sie hat einen aufrechten Wuchs und benötigt daher nicht viel Platz im Beet.

Juli bis September

50 bis 60 cm

6 bis 8 Stück pro Quadratmeter

leicht giftig

'Starship Deep Rose'

MONTBRETIE

Crocosmia x crocosmiiflora 'George Davidson'

Die Montbretie ist eine sommerblühende, horstbildende Staude mit eleganten, schwertförmigen Blättern. Diese Sorte ist das gelb blühende Gegenstück zur roten Sorte 'Lucifer'. Sie bringt leuchtende Farbakzente ins Staudenbeet oder in den Blumenstrauß, aber ist nur bis -10 °C winterhart.

Juli bis September

50 bis 60 cm

7 bis 9 Stück pro Quadratmeter

Schneide die Stiele, wenn sich die ersten ein bis zwei Blüten an der Rispe geöffnet haben. Dann halten sie sich 7 bis 10 Tage in der Vase.

PRACHTKERZE

Gaura lindheimeri 'Gaudi Rose'

Die Prachtkerze 'Gaudi Rose' ist ein echter Dauerblüher und sorgt mit ihren zarten rosa Tönen für eine romantische Stimmung im Garten. Sie hat außerdem wunderschöne burgunderrote Stängelenden. Sie ist nur bis zu –10 °C winterhart, daher hilft eine Laubschicht in den Wintermonaten.

Juli bis Oktober

40 bis 50 cm

6 bis 8 Stück pro Quadratmeter

'Summer Breeze'

PRACHTKERZE

Gaura lindheimeri 'Whirling Butterflies'

Auch diese Sorte ist ein echter Dauerblüher mit einer außergewöhnlich langen Blütezeit. Der Wuchs der 'Whirling Butterflies' erinnert an herumwirbelnde Schmetterlinge und die reinweißen Blüten strahlen förmlich in der Sonne. Sie ist nur bis zu –10 °C winterhart, daher hilft eine Laubschicht in den Wintermonaten.

Juli bis Oktober

50 bis 70 cm

6 bis 8 Stück pro Quadratmeter

'Summer Breeze'

SCHEINSONNENHUT

Echinacea purpurea 'Sensation Pink'

Der Scheinsonnenhut beeindruckt mit seinen fantastischen Blüten, die Farbe ins Beet bringen, und ist ein wahrer Dauerblüher. Die Sorte 'Sensation Pink' ist einer meiner absoluten Favoriten, denn die Blüten sind wirklich knallig pink und stechen im Beet hervor.

Juni bis September

70 bis 100 cm

6 bis 8 Stück pro Quadratmeter

Schneide die Stiele, wenn sich die Blüten vollständig geöffnet haben. Dann halten sie sich 7 bis 10 Tage in der Vase.

'Green Envy', 'Hot Summer', 'Tangerine Dream'

SCHNEE-FELBERICH

Lysimachia clethroides

Der Schnee-Felberich ist eine attraktive Staude mit leicht überhängenden, weißen Blütenständen. Er ist robust und anspruchslos, sollte aber im Herbst bodennah zurückgeschnitten werden, um eine starke Selbstaussaat einzudämmen.

Juli bis September

60 bis 80 cm

8 bis 10 Stück pro Quadratmeter

SOMMER-MARGERITE

Leucanthemum x superbum 'Madonna'

Die Margerite 'Madonna' ist eine kompakte, reichblühende Sorte, die besonders für ihre standfesten Stiele und großen, reinweißen Blüten mit gelber Mitte geschätzt wird. Sie ist sehr bienenfreundlich und ein zeitloser Favorit für Bauerngärten und Staudenbeete. Außerdem ist sie eine beliebte Schnittblume.

Juli bis September

20 bis 30 cm

5 bis 9 Stück pro Quadratmeter

Schneide die Stiele, wenn die äußeren Blütenblätter vollständig geöffnet sind. Dann halten sie sich 5 bis 7 Tage in der Vase.

'Snowcap'

SONNENHUT

Rudbeckia fulgida var. sullivantii 'Goldsturm'

Der Sonnenhut ist eine gelb blühende, langlebige Staude mit dunkler Blütenmitte. Er bringt eine intensive Farbe ins Beet und ist dabei sehr pflegeleicht, standfest und äußerst bienenfreundlich. Die Sorte 'Goldsturm' ist in Naturgärten hervorragend aufgehoben sowie als Schnittblume gut geeignet.

Juni bis Oktober

50 bis 70 cm

5 bis 7 Stück pro Quadratmeter

Schneide die Blüten, wenn sie vollständig geöffnet sind, aber noch frisch und fest wirken. Dann halten sie sich 7 bis 10 Tage in der Vase.

STORCHSCHNABEL

Geranium wallichianum 'Rozanne'

Der Storchschnabel ist ein bodendeckender Dauerblüher, von dem man den ganzen Sommer über etwas hat. Besonders die Sorte 'Rozanne' darf in keinem Garten fehlen, denn die blauviolett leuchtenden Blüten setzen aufregende Akzente im Beet und sie blüht außergewöhnlich lange.

Ende Mai bis Oktober

40 bis 50 cm

3 bis 5 Stück pro Quadratmeter

'Orion', 'Mary Anne'

STRAUCHIGER SALBEI

Salvia greggii 'Amethyst Lips'

Der Strauchige Salbei 'Amethyst Lips' ist besonders insektenfreundlich, hat eine auffallende Blütenfarbe und duftet nach Pfirsich. Er ist ein dekorativer Dauerblüher, der den Insekten noch bis in den Herbst hinein Nahrung bietet. Er ist nur bis –7 °C winterhart, daher mit einer Laubschicht im Winter schützen.

Juni bis Oktober

40 bis 65 cm

7 bis 9 Stück pro Quadratmeter

'Joy', 'Hot Lips'

TAUBEN-SKABIOSE

Scabiosa columbaria 'Butterfly Blue'

Die Tauben-Skabiose zieht mit ihren offenen, flachen Blüten Insekten magisch an. Die violette Skabiose 'Butterfly Blue' wächst dicht und kompakt und bleibt niedrig. Sie lockt viele langrüsselige Insekten in den Garten.

Juli bis September

7 bis 9 Stück pro Quadratmeter

30 bis 50 cm

'Kudo White'

TAUBEN-SKABIOSE

Scabiosa columbaria 'Pink Mist'

Die Tauben-Skabiose ist mit ihrem Wildstauden-Charakter besonders schön in naturnahen Gärten. Die Sorte 'Pink Mist' bleibt relativ niedrig und hat an ihren aufrechten Stängeln rosafarbene, scheibenförmige Blüten.

Juli bis September

10 bis 12 Stück pro Quadratmeter

20 bis 30 cm

'Kudo White'

ZIERLAUCH

Allium senescens 'Millenium'

Der Zierlauch 'Millenium' bleibt klein und ist dabei sehr reichblühend. Er lockt mit seinen duftenden Blütenbällen viele Schmetterlinge, Schwebfliegen und andere Insekten an.

Juli bis September

7 bis 9 Stück pro Quadratmeter

30 bis 40 cm

für Haustiere giftig

PFLANZEN FÜR DEN HALBSCHATTEN

Ein halbschattiger Standort ist ideal für viele Gartenpflanzen, die weder pralle Sonne noch tiefen Schatten mögen. Hier herrscht ein ausgeglichenes Lichtklima, das vor allem in den Morgen- und Abendstunden sanft auf die Pflanzen wirkt. Viele dieser Stauden schätzen zudem eine etwas höhere Bodenfeuchtigkeit. Auch in dieser Rubrik finden sich zahlreiche blühfreudige und robuste Stauden, die du in deine Beete setzen kannst.

Auch im Halbschatten kannst du viel für die Insekten tun. Viele Arten liefern Nektar und Pollen, selbst wenn die Sonne nicht den ganzen Tag scheint.

GEWÖHNLICHER FRAUENMANTEL

Alchemilla xanthochlora

Der Gewöhnliche Frauenmantel ist in Deutschland heimisch und bevorzugt feuchte Standorte. Bei genügend Feuchtigkeit darf er sonniger stehen. Er ist wegen seines Blattes mit Lotus-Effekt sowie mit seinen gelben Blüten eine Zierde im Garten. Der Frauenmantel wird häufig als Füllpflanze in Blumensträußen verwendet und ist auch getrocknet sehr dekorativ.

- Juni bis Juli
- 5 bis 50 cm
- 4 bis 6 Stück pro Quadratmeter
- Wenn die Blüten voll geöffnet, aber noch zartgrün sind, halten sie sich bis zu 10 Tage in der Vase.

HERBST-ANEMONE

Anemone hupehensis ‘September Charm’

Die Herbst-Anemone ist eine spätblühende Pflanze im Garten. Die Sorte ‘September Charm’ hat mit ihren hellviolett-rosafarbenen Blüten einen ausladenden und aufrechten Wuchs und gibt jedem Blumenstrauß eine romantische, englische Note.

- August bis Oktober
- 60 bis 80 cm
- 6 bis 8 Stück pro Quadratmeter
- leicht giftig
- Bei ersten geöffneten Blüten schneiden und dann 8–10 Tage haltbar.
- ‘Jasmine’

HERBST-ANEMONE

Anemone hupehensis ‘Red Riding Hood’

Diese Sorte ist sehr robust, pflegeleicht und überzeugt mit ihrer langen Blütezeit. Da sich Herbst-Anemonen gerne unterirdisch ausbreiten, sollten sie mit einer Wurzelsperre gepflanzt werden.

- August bis Oktober
- 60 bis 80 cm
- 6 bis 8 Stück pro Quadratmeter
- leicht giftig
- Bei ersten geöffneten Blüten schneiden und dann 8–10 Tage haltbar.
- ‘Jasmine’

HERBST-ANEMONE

Anemone x cultorum 'Wild Swan'

Diese Herbst-Anemone verleiht halbschattigen Bereichen einen frischen Farbtupfer. Die Sorte 'Wild Swan' hat bis zu fünfzehn weiße Blüten an einem Stängel. Sie ist eine schöne Schnittblume, die sich auch lange in der Vase hält.

- Juni bis Oktober
- 40 bis 50 cm
- 5 bis 7 Stück pro Quadratmeter
- leicht giftig

- Öffnen sich die ersten Blüten, können sie geschnitten werden und halten sich 8–10 Tage.
- 'Jasmine'

JAKOBSLEITER

Polemonium caeruleum 'Northern Lights'

Die Jakobsleiter 'Northern Lights' ist eine heimische Staude mit leiterartig angeordneten Blättern und dekorativen Blütenrispen.

- Juni bis Juli
- 60 bis 70 cm
- 4 bis 6 Stück pro Quadratmeter
- leicht giftig

- Wenn etwa ein Drittel der Blüten geöffnet ist, kann sie geschnitten werden; hält 5 Tage in der Vase.
- 'Bressingham Purple', 'Touch of Class'

PRACHTSPIERE

Astilbe japonica 'Rheinland'

Die Prachtspiere bringt Lebendigkeit in dunklere Gartenecken und wirkt besonders eindrucksvoll, wenn sie in Gruppen gepflanzt wird. Die Sorte 'Rheinland' beeindruckt mit ihren strahlend rosafarbenen Blütenrispen.

- Juni bis Juli
- 50 cm
- 8 bis 10 Stück pro Quadratmeter

- Bei zu zwei Dritteln geöffneten Rispen beträgt die Haltbarkeit 7–10 Tage.
- 'Vision in White'

SILBERGLÖCKCHEN

Heuchera micrantha 'Palace Purple'

Das Rotblättrige Silberglöckchen ist eine Blattschmuckstaude, die nicht nur in den Sommermonaten ein wunderschönes Blatt hat, sondern eine wintergrüne Staude ist. Die Sorte 'Palace Purple' hält bei genügend Feuchtigkeit sogar sonnige Standorte aus. Wenn das Silberglöckchen blüht, zieht es viele Insekten an und bietet gleichzeitig eine wunderschöne Füllblüte im Blumenstrauß.

- Juni bis August
- 20 bis 60 cm
- 8 bis 10 Stück pro Quadratmeter
- Die Blüten halten sich 7 Tage in der Vase.
- 'Lime Marmalade', 'Electra', 'Sugar Plum'

Ich liebe es, meine Schnittblumen selbst im Garten zu schneiden!

PFLANZEN FÜR DEN SCHATTEN

Auch im Schatten muss kein Garten trist bleiben! Ein schattiger Standort stellt vielleicht besondere Anforderungen, doch auch hier gibt es viele attraktive Pflanzen, die sich wohlfühlen und Abwechslung ins Beet bringen. Diese Stauden sind an weniger Licht angepasst, gedeihen gut unter Bäumen, an Nordseiten von Gebäuden oder in geschützten Innenhöfen. Sie bevorzugen meist einen frischen, humosen Boden und erwecken selbst dunklere Gartenecken mit ihrem Laub oder ihren Blüten zum Leben.

Im Schattengarten spielen Blattformen, Strukturen und Grüntöne die Hauptrolle. Da kräftige Sonnenfarben hier seltener vorkommen, entsteht der Reiz durch Kontraste zwischen großen und feinen Blättern oder hellen und dunklen Grüntönen.

FUNKIE

Hosta sieboldiana 'Elegans'

Die Funkie ist eine beliebte Blattschmuckstaude für schattige Standorte. Die Sorte 'Elegans' hat besonders große Blatthorste. Besonders schön wirkt sie unter Bäumen und in Kombination mit Farnen und Astilben. Aber Achtung, sie ist leider bei Schnecken sehr beliebt!

- Juli bis Oktober
- 50 bis 70 cm
- 5 bis 7 Stück pro Quadratmeter
- für Haustiere giftig
- 'Fire and Ice', 'August Moon'

SILBERKERZE

Actaea racemosa 'Black Negligee'

Die Silberkerze 'Black Negligee' leuchtet im lichten Schatten mit ihrem dunklen Laubkleid und ihren silbernen Kerzen. In einer Zeit, in der viele Stauden verblühen, zeigt die Silberkerze erst so richtig ihre Schönheit.

- September bis Oktober
- 100 bis 150 cm
- 1 bis 3 Stück pro Quadratmeter
- leicht giftig
- Wenn etwa ein Drittel der Blüten geöffnet ist, kann sie geschnitten werden, und hält sich dann 5 Tage in der Vase.
- 'Brunette', 'Pink Spike'

WALDERDBEERE

Fragaria vesca

Die Walderdbeere erfreut mit herrlich roten Beeren, die sie im Frühsommer bildet. Sie lässt sich sowohl im Hochbeet als auch im normalen Beet kultivieren und eignet sich als immergrüne Pflanze hervorragend als wuchsfreudiger Bodendecker.

- April bis Juni
- 10 bis 20 cm
- 9 bis 12 Stück pro Quadratmeter

GRÄSER & GRASARTIG WACHSENDE STAUDEN

Gräser bringen Bewegung in den Garten, denn mit ihren feinen Halmen fangen sie den Wind ein. Ob als Begleiter zu blühenden Stauden, als Solitär im Beet oder in großen Gruppen gepflanzt, sie sind immer ein Highlight. Sie sind pflegeleicht und sorgen selbst im Winter für Stimmung im Garten.
Grasartig wachsende Stauden zeichnen sich durch schmale, lineare Blätter und einen gräserähnlichen Wuchs aus. Wie echte Gräser verleihen sie Beeten Struktur und Ruhe und bilden einen harmonischen Kontrast zu blühenden Stauden.

Im Herbst solltest du die Gräser nicht zurückschneiden, auch wenn sie bereits verblüht sind. Sie sind ein Rückzugsort für Insekten und die stehengebliebenen Halme sind ein wichtiger Winterschutz, da sie den Wurzelbereich trocken halten.

FLACHSLILIE

Dianella revoluta 'Cool Vista'

Die Flachslilie 'Cool Vista' bringt mit ihren himmelblauen Blüten und der goldenen Herbstfärbung eine elegante, aber ruhige Stimmung ins Staudenbeet. Sie ist pflegeleicht, langlebig und ganzjährig grün. Die Flachslilie gehört zu den grasartig wachsenden Stauden. Sie ist frostempfindlich und nur bis zu -5 °C winterhart. Mit einer dicken Laubschicht kommt sie bei mir aber jedes Jahr durch den Winter.

Mai bis Juni

60 bis 100 cm

5 bis 7 Stück pro Quadratmeter

leicht giftig

'Blue Stream'

PAMPASGRAS

'Silver Star' *Cortaderia selloana* 'Silver Star'

Das Pampasgras 'Silver Star' ist ein eindrucksvolles Ziergras mit eleganten, silbrigweißen Blütenwedeln, die im Spätsommer erscheinen. Die Blütenwedel machen sich auch besonders gut in der Vase und sind ein Highlight in den Wintermonaten. Aber Achtung, die Blätter des Pampasgrases sind sehr scharfkantig! Das Pampasgras ist bis zu -20 °C winterhart.

Ende August bis Oktober

150 bis 200 cm

1 Stück pro Quadratmeter

Schneide die Halme so lang wie möglich ab, wenn sie voll aufgeblüht sind. Sie benötigen kein Wasser in der Vase. Nach 2 bis 3 Wochen sind sie vollständig getrocknet und Haarspray hilft, dass sie nicht fusseln.

'Pink Phantom', 'Rosea'

RUTENHIRSE

Panicum virgatum 'Northwind'

Die Rutenhirse 'Northwind' ist ein beeindruckendes Gras im Garten und erreicht eine stattliche Höhe. Es ist ein großartiges Solitärgras, also ein Gras, das für sich alleine wirkt und im Beet die Blicke auf sich zieht. Im Herbst begeistert es zudem mit einer leuchtend goldgelben Färbung. Diese Rutenhirse ist bis -30 °C winterhart.

Juli bis September

120 bis 140 cm

1 bis 2 Stück pro Quadratmeter

'Purple Tears', 'Cheyenne Sky'

SCHWARZER SCHLANGENBART

Ophiopogon planiscapus 'Niger'

Der Schwarze Schlangenbart 'Niger' ist eine hübsche, immergrüne Pflanze mit einem fast schwarzen Laubwerk. Zur Blütezeit bildet er kurze Trauben mit blassvioletten bis weißen Blüten. Er ist pflegeleicht und gehört zu den grasartig wachsenden Stauden.

Juni bis August

10 bis 20 cm

15 bis 17 Stück pro Quadratmeter

Beim Pflanzen solltest du darauf achten, dass der Wurzelballen gut durchwurzelt ist.

STRÄUCHER

Sträucher sind vielseitig und verschönern den Garten das ganze Jahr. Sie schaffen Übergänge zwischen Stauden und Bäumen und sorgen mit ihrer Blattfärbung für Abwechslung im Jahresverlauf. Besonders Hortensien setzen mit ihren üppigen Blütenständen beeindruckende Akzente.
Da Hortensien nur wenig insektenfreundlich sind, solltest du pro Hortensie etwa vier insektenfreundliche Begleitpflanzen setzen.

Sträucher werden am besten im Frühherbst oder zeitigem Frühjahr gepflanzt. So können sie gut einwurzeln, bevor Sommerhitze oder Frost einsetzen.

BALLHORTENSIE

Hydrangea macrophylla 'Magical Revolution'

Ballhortensien sind reichblühende Sträucher mit großen Blütenbällen. Die Blüten mancher Sorten verändern im Verlauf der Saison mehrfach die Farbe von Rosa oder Blau über Grün bis hin zu Violett. Diese Sorte ist robust und eignet sich sehr gut als Schnittblume.

Juni bis September

100 bis 125 cm

1 Stück pro Quadratmeter

leicht giftig

Sobald die Blüten voll aufgeblüht und leicht papierartig sind (am besten im Spätsommer), halten sie sich mehrere Wochen in der Vase.

'Caipirinha', 'Summer Love', 'Bloomstar', 'Pink Pop'

JAPANISCHE HARLEKINWEIDE

Salix integra 'Hakuro Nishiki'

Die Japanische Harlekinweide 'Hakuro Nishiki' ist ein dekorativer, buschiger Strauch mit auffallend weiß-grün-rosa gefärbtem Laub. Sie treibt im Frühjahr besonders farbenfroh aus und ist sehr schnittverträglich. Sie wird auch gerne als Hochstamm in den Garten gesetzt, also als Pflanze mit freiem Stamm und erhöhter Krone, ähnlich einem kleinen Baum.

März bis April

Bis zu 250 cm

1 Stück pro Quadratmeter

LAVENDEL

Lavandula angustifolia 'Hidcote Blue'

Der Lavendel ist ein gern gesehener Begleiter im Beet. Er wird häufig als Staude bezeichnet, aber ist eigentlich ein Halbstrauch, da er an der Basis mit der Zeit verholzt und nur die jüngeren Triebe krautig bleiben wie bei den Stauden. Seinen Duft verteilt er im Garten und lockt damit unzählige Insekten an. Die Sorte 'Hidcote Blue' hat einen besonders intensiven tief blauvioletten Ton und bleibt etwas kleiner.

Juli bis September

25 bis 40 cm

8 bis 10 Stück pro Quadratmeter

'Alba', 'Cedar Blue'

SCHNEEBALLHORTENSIE

Hydrangea arborescens 'Pink Annabelle'

Die pinkfarbene Schneeballhortensie 'Pink Annabelle' bildet bis zu 20 cm große Blütenbälle aus, die wirklich eine Augenweide im Beet sind. Sie gehört zu den Hortensien, die am neuen Holz blühen, daher ist ein starker Rückschnitt im Spätwinter nötig.

Juni bis September

100 bis 150 cm

1 Stück pro Quadratmeter

leicht giftig

Sobald die Blüten voll aufgeblüht und leicht papierartig sind (am besten im Spätsommer), halten sie sich mehrere Wochen in der Vase.

JAPAN-STECHPALME

Ilex crenata 'Jenny'

Die Japan-Stechpalme (oder Berg-Ilex) 'Jenny' ist ein immergrüner, kompakt wachsender Strauch mit kleinen, glänzenden, dunkelgrünen Blättern, die an den Buchsbaum erinnern. Der Berg-Ilex eignet sich für niedrige Hecken, Einfassungen oder als strukturgebende Pflanze im Beet.

Mai bis Juni

80 bis 100 cm

3 bis 4 Stück pro Quadratmeter

leicht giftig

'Caroline Upright'

SOMMERSPIERE

Spiraea japonica 'Superstar'

Die Sommerspiere 'Superstar' ist ein niedriger, buschiger Strauch und hat einen rötlichen Laubaustrieb und ein bronzefarbenes Herbstlaub. Einmal im Garten etabliert, ist sie anspruchslos und genügsam und zieht viele Schmetterlinge und andere Insekten an.

Juli bis September

90 bis 120 cm

3 Stück pro Quadratmeter

'Albiflora', 'Dart's Red'

ROSEN

Kaum eine Blume steht so sehr für Eleganz im Garten wie die Rose. In meinem Garten baue ich Rosen als Schnittblumen an, um mir meine persönliche Blütenquelle für den gedeckten Tisch zu schaffen. Wer gezielt Rosen für die Vase kultivieren möchte, sollte bestimmte Sorteneigenschaften wie Standfestigkeit, Blühfreude, Stiellänge und Haltbarkeit der Blüten in der Vase beachten.

Schneide Rosen am frühen Morgen, wenn die Knospen halb geöffnet sind und sich fest anfühlen. Entferne die unteren Blätter, schneide sie schräg an, stelle die Stiele sofort in lauwarmes Wasser und schneide sie alle zwei Tage frisch an, dann halten sich die Rosen bis zu 10 Tage in der Vase.

STRAUCHROSE

Rosa 'Eden Rose 85' (auch: 'Pierre de Ronsard')

Die Strauchrose 'Eden Rose 85' ist eine moderne Rose mit nostalgischer Anmutung. Ihre stark gefüllten Blüten sind kugelförmig und sehr haltbar in der Vase. Sie ist kaum anfällig für Blattkrankheiten.

Juni bis September

100 bis 150 cm

80 bis 100 cm

schwach duftend

überhängend, rosettenbildend, mehrfarbig (cremeweiß-rosa)

AUSTIN-ROSE

Rosa 'Olivia'

'Olivia' ist eine romantische englische Rose mit perfekt geformten, zartrosafarbenen, stark gefüllten Blüten. Sie blüht den ganzen Sommer über und hat sehr gesunde, glänzende Blätter sowie eine hohe Widerstandsfähigkeit gegen Krankheiten.

Juni bis Oktober

80 bis 150 cm

70 bis 80 cm

leicht duftend

stark gefüllt, rosettenförmig, einfarbig (rosa)

AUSTIN-ROSE

Rosa 'Princess Anne'

Diese englische Strauchrosensorte besticht durch ihre ungewöhnliche Blütenfarbe. Die Blüten öffnen sich in kräftigem Rosa und vertiefen sich im Verlauf zu einem fast rötlichen Ton. Sie ist eine sehr blühfreudige Rose mit einem intensiven Teerosenduft und besitzt ein hochglänzendes Laub.

Juni bis Oktober

100 bis 120 cm

80 bis 100 cm

mittelstark duftend

dicht gefüllt, einfarbig (rosarot-purpurrosa)

AUSTIN-ROSE

Rosa 'Vanessa Bell'

Die englische Strauchrosensorte 'Vanessa Bell' hat einen außergewöhnlichen Charme. Sie besitzt filigrane zartgelbe Blüten, die nach einer Mischung aus grünem Tee, Zitrone und Honig duften. Sie kann für die Vase geerntet werden, ist aber nicht sehr langlebig.

- Juni bis Oktober
- 100 bis 120 cm
- 90 bis 120 cm
- mittelstark duftend
- dicht gefüllt, leicht doldenförmig, einfarbig (gelb)

ZWERGROSE

Rosa 'Sternenhimmel'

Die Rose 'Sternenhimmel' begeistert mit unzähligen kleinen, halbgefüllten Blüten in kräftigem Purpurrosa mit heller Mitte. Sie blüht von Juni bis Oktober fast ununterbrochen und ist sehr robust, regenfest und bienenfreundlich. Als Schnittblume eignet sie sich nur bedingt.

- Juni bis Oktober
- 60 bis 80 cm
- 40 bis 60 cm
- leicht duftend
- halbgefüllt, schalenförmig, einfarbig (purpurrosa) mit heller Mitte

BODENDECKERROSE

Rosa 'Heidetraum'

'Heidetraum' ist eine robuste, reichblühende Bodendeckerrose mit leuchtend karminrosa Blüten und goldgelber Mitte. Sie blüht den ganzen Sommer über bis in den Herbst und ist sehr widerstandsfähig gegen Krankheiten. Sie ist nur bedingt als Schnittblume geeignet, da ihre Stiele relativ kurz sind.

- Juni bis Oktober
- 70 bis 80 cm
- 50 bis 60 cm
- leicht duftend
- halbgefüllt, schalenförmig, einfarbig (karminrosa) mit gelber Mitte

DAHLIEN

Dahlien gehören zu den auffälligsten Sommerblumen im Garten. Sie sind farbenreich, vielseitig und beeindruckend in ihrer Blütenform. Ich nutze sie gezielt als Schnittblumen, um mir über den Sommer hinweg immer wieder frische Sträuße ins Haus zu holen. Dahlien sind nur bedingt winterhart, daher sollten die Knollen im Herbst ausgegraben und trocken sowie frostfrei überwintert werden. In milderen Regionen, wie hier in Nordrhein-Westfalen, können die Knollen jedoch in der Erde bleiben.

Für die Vase eignen sich nur voll geöffnete Blüten, da sich Dahlien in der Vase nicht mehr öffnen. Besonders haltbar sind Pompon-, Ball- und Kaktus-Dahlien, deren feste Blüten auch nach mehreren Tagen noch ihre Form behalten.

BALL-DAHLIE

Dahlia 'Boom Boom White'

Die Ball-Dahlie 'Boom Boom White' besitzt kräftige, hohe Stiele mit gefüllten schneeweißen Blüten. Sie blüht lange und zuverlässig und zeigt sich auch bei Regen sehr robust.

Juli bis zum ersten Frost

40 bis 50 cm

90 cm

12 cm

BALL-DAHLIE

Dahlia 'Daisy Duke'

Die Ball-Dahlie 'Daisy Duke' wächst kompakt und etwas niedriger als viele andere Sorten. Sie beeindruckt mit einer Vielzahl lachs- und korallenfarbiger Blüten. Dank ihrer robusten Blütenstruktur zeigt sie sich besonders widerstandsfähig gegenüber Regen und bleibt auch bei feuchter Witterung standfest und attraktiv.

Juli bis zum ersten Frost

40 bis 50 cm

90 cm

12 cm

DEKORATIVE DAHLIE

Dahlia 'Lavender Perfection'

Die Dekorative Dahlie 'Lavender Perfection' ist ein Klassiker unter den Dahlien. Sie bringt den Sommer über eine Unmenge großer, lavendelfarbener Blüten den Sommer über hervor und ist damit eine reichblühende Sorte. Meine absolute Empfehlung an dich!

Juli bis zum ersten Frost

40 bis 50 cm

120 cm

20 bis 25 cm

DEKORATIVE DAHLIE

Dahlia 'X-Factor'

Die Dekorative Dahlie 'X-Factor' ist eine besonders großblumige Dahlie mit roten Blüten und zarten weißen Spitzen. Ihre eindrucksvolle Farbwirkung macht sie zu einem echten Blickfang im Sommergarten und natürlich in der Vase.

Juli bis zum ersten Frost — 30 bis 50 cm

90 bis 100 cm — 20 cm

HALSKRAUSEN-DAHLIE

Dahlia 'Twyning's White Chocolate'

Die Halskrausen-Dahlie 'Twyning's White Chocolate' ist mit ihrer schlichten Eleganz eine echte Bereicherung für jedes Beet und ein Gewinn für die Insektenwelt. Als einfach blühende Sorte in zartem Cremeweiß mit orangegelber Mitte ist sie nicht nur ein stilvoller Blickfang, sondern bietet auch wertvolle Nahrung für Bestäuber.

Juli bis zum ersten Frost — 40 bis 50 cm

100 cm — 12 cm

HIRSCHGEWEIH-DAHLIE

Dahlia 'Omega'

Die Hirschgeweih-Dahlie 'Omega' beeindruckt mit ihren leicht gestreiften, pfirsichfarbenen Blüten von beachtlicher Größe. Im Beet zieht sie alle Blicke auf sich und auch in der Vase überzeugt sie mit ihrer außergewöhnlichen Blüte und bleibt bei guter Pflege mehrere Tage frisch.

Juli bis zum ersten Frost — 40 bis 50 cm

80 bis 100 cm — 20 cm

POMPON-DAHLIE *DAHLIA* ''

Dahlia 'Cornel Brons'

Die Pompon-Dahlie 'Cornel Brons' hat besonders haltbare Blüten in warmen Kupfertönen. Diese Dahlie ist sehr standfest und reichblühend und ist ein Klassiker in herbstlichen Blumensträußen.

Juli bis zum ersten Frost

40 bis 50 cm

100 cm

9 cm

POMPON-DAHLIE

Dahlia 'Wizard of Oz'

Die Pompon-Dahlie 'Wizard of Oz' hat eine robuste und wetterfeste Blüte in zartem Rosa. Sie blüht unermüdlich bis zum ersten Frost und ist sehr pflegeleicht. Eine perfekte Dahlie für Einsteiger*innen!

Juli bis zum ersten Frost

40 bis 50 cm

90 cm

8 cm

ZWERGDAHLIE

Dahlia 'Lubega Power Burgundy & White'

Die Zwergdahlie 'Lubega Power Burgundy & White' zeichnet sich durch ihre kompakte Wuchshöhe und dichte, kräftig gefüllte, zweifarbige Blüten aus. Ihre Blüten haben einen weinrote Mitte mit weißen Rändern und sie eignet sich sehr gut für den Anbau im Kübel.

Juli bis zum ersten Frost

40 bis 50 cm

90 cm

8 cm

ÜBER DIE AUTORIN

Svenja Breuer lebt mit ihrem Mann Fabian, ihrer Tochter Rosalie, Hund Karl und den beiden Katzen Phoebe und Frietjes in einem Stadtteil von Düsseldorf.

Ihre Gartenreise begann vor einigen Jahren auf einem kleinen Stadtbalkon, wo Svenja ihre Liebe zum eigenen Anbau entdeckte. Damals wuchs das erste Gemüse in Balkonkästen und Töpfen auf engstem Raum. Was mit wenigen Pflanzen begann, entwickelte sich schnell zu einer großen Leidenschaft. Heute lebt sie diese Begeisterung in einem Garten aus – mit Hochbeeten, viel Gemüse, Obststräuchern und einer großen Vielfalt an Blumen. Dabei achtet sie stets darauf, insektenfreundliche und nützlingsfördernde Pflanzen mit einzubinden.

Seit 2018 teilt sie ihre Gartenleidenschaft, Erfahrungen und Ideen auf ihrem Blog bei Instagram und inzwischen auch auf TikTok und YouTube und inspiriert dort eine stetig wachsende Community. Regelmäßig ist sie außerdem als Gartenexpertin im SAT.1-Frühstücksfernsehen zu sehen, wo sie mit viel Herzblut praktische Tipps für Garten und Balkon gibt. Ihre kreativen Ideen zeigen, wie sich naturnahes Gärtnern mit Ästhetik, Leichtigkeit und Freude verbinden lässt. Die Liebe zur Natur wurde ihr schon von ihrer Großmutter mitgegeben, doch ihr umfangreiches Wissen hat sie sich durch Bücher, den Austausch mit der Garten-Community und vor allem durch jahrelanges Ausprobieren im eigenen Garten angeeignet.

In ihrem Garten legt sie besonderen Wert auf Vielfalt, Blühfreude, schöne Strukturen und ein harmonisches Zusammenspiel von Zier- und Nutzpflanzen. Denn ein Garten darf nicht nur ertragreich, sondern soll auch einladend und lebendig sein, für Menschen und Tiere.

Mit ihren Beiträgen und ihrem Buch möchte sie inspirieren, Mut machen und zeigen: Ein schöner, gesunder Garten ist für alle möglich, ob auf dem Balkon, im Reihenhausgarten oder im Hinterhof. Wichtig ist nur, dass man anfängt und dabei Freude hat.

Karl

INSTAGRAM: @DESIGNABLEHOME

TIKTOK: @DESIGNABLEHOME

YOUTUBE: DESIGNABLEHOME

DANKSAGUNG

Danke an meine kleine Tochter, die mit so viel Begeisterung durch den Garten läuft.
Ich liebe es, wenn du dir lachend Tomaten, Erdbeeren und Blaubeeren in den Mund steckst und mit übergroßen Gartenhandschuhen und deiner kleinen Schaufel eifrig die Beete umgräbst. Einfach, weil Mama es auch so macht. Dein Staunen, deine Freude und deine Neugier zeigen mir: Ich mache genau das Richtige.

Danke an meinen Mann, der immer an mich geglaubt hat.
Ohne dich hätte ich den Schritt in die Selbstständigkeit nie gewagt und deine Unterstützung bedeutet mir alles. Und obwohl du ganz genau weißt, dass meine Zollstock-Einsätze im Garten meistens mit viel Arbeit für dich enden, kannst du nie widerstehen, dich dabei köstlich zu amüsieren.

Danke an meinen Papa, mein ganz persönliches Heinzelmännchen.
Du bist immer zur Stelle, oft schon bevor ich überhaupt darum bitten kann. Du packst mit an, wo Hilfe gebraucht wird, übernimmst Aufgaben still und selbstverständlich und nimmst mir damit so viel Arbeit ab. Bei jedem einzelnen Gartenprojekt warst du mit all deinem Werkzeug dabei. Ohne dich wäre vieles schlichtweg nicht möglich gewesen.

Danke an meine Mama und meine Schwiegermama, die mir immer den Rücken stärken.
Besonders dann, wenn es um meine Tochter geht. Dank eurer Unterstützung konnte ich kurz nach der Geburt nicht nur einen ganzen Garten auf links drehen, sondern auch Woche für Woche Inhalte für meine Community produzieren. Und ganz nebenbei: Meine Rosen würden vermutlich längst verwildern, wenn meine Mama nicht mit so viel Hingabe und ihrer Gartenschere regelmäßig für Ordnung und Blüte sorgen würde.

Danke an meinen Bruder, mein verlässlicher Partner hinter der Kamera.
Mit dir jede Woche Content zu produzieren, macht nicht nur Spaß, sondern bringt auch Struktur in all das Chaos. Und ganz ehrlich: Niemand kann Grasnaben so perfekt abheben wie du.

Danke an Eva, die mit ihrem geschulten Blick hinter der Kamera so viele wunderschönen Fotos eingefangen hat, *und an Meike,* die mich mit ihrem Talent und Feingefühl mit ihrem Stift bei den wunderschönen Beetplänen begleitet hat. Ein weiterer Dank gilt *meiner Lektorin Saskia* für ihre tatkräftige Unterstützung und *meiner Grafikerin Alex,* die dieses Buch mit viel Gespür genau so gestaltet hat, wie ich es mir immer gewünscht habe.

*Und natürlich danke an meine wunderbare Community, denn ihr seid mehr als nur stille Zuschauer*innen.*
Ihr seid ein Teil dieser Reise und mit euren Nachrichten und Kommentaren zeigt ihr mir jeden Tag, dass meine Arbeit inspiriert, ermutigt und verbindet. Immer wieder habt ihr mich gefragt, ob es nicht endlich ein eigenes Buch von mir geben wird, und genau diese Nachfrage hat mir den Mut gegeben, es wirklich anzugehen. Danke für euer Vertrauen, eure Neugier und euer ehrliches Interesse, denn ohne euch gäbe es dieses Buch wahrscheinlich nicht.

REGISTER

IMPRESSUM

Bibliografische Information der Deutschen Bibliothek.

Die Deutsche Bibliothek verzeichnet diese Publikation in der Deutschen Nationalbibliografie. Detaillierte bibliografische Daten sind im Internet über http://www.dnb.de abrufbar.

Bei Fragen zur Produktsicherheit wenden Sie sich an:
Edition Michael Fischer GmbH
Kistlerhofstr. 70
81379 München
kontakt@emf-verlag.de

MIX
Papier | Fördert gute Waldnutzung
FSC® C145070
FSC www.fsc.org

EIN BUCH DER EDITION MICHAEL FISCHER

1. Auflage 2026

Cover und Layout: Alexandra Breu
Satz: Alexandra Breu, Julia Deuter
Redaktion und Lektorat: Saskia Hauck
Fachkorrektorat: Anke Brosius

Bildnachweis:
Alle Fotos von Eva Bergmann und Svenja Breuer, ausgenommen S. 81: © Shutterstock/Small animal; S. 112: © Shutterstock/perlphoto, © Shutterstock/Uladzimir Tsarou, © Shutterstock/Alex Manders; S. 118: © Shutterstock/Kersti Lindstrom; S. 123: © Shutterstock/Tanya_Terekhina; S. 131: © Shutterstock/Helga_foto; S. 132: © Shutterstock/GTK; S. 137: © Shutterstock/Max_555

Illustrationen:
© Meike Schneider: Seiten 5, 11, 13, 18, 19, 21, 28, 84, 85, 87, 89, 91–93, 95.

© Shutterstock: S. 22: Christos Georghiou; S.25: Daria Ustiugova; S. 36: brianna fulford, Julia-ARTist; S. 37, 42: Astro Ann; S. 37, 78, 82: Gringoann.art; S. 38: Rawpixel.com; S. 38, 56, 58: Sasha Kondr; S. 39, 40, 41, 42, 46, 47, 51, 54, 61: TrendyTees Studio; S. 40, 41, 42, 45, 50, 52, 64: BotaniHue; S. 40: Kostenko Maxim; S. 41: aanggu; S. 42: iswadibasri; S. 44: ann_owl; S. 44, 82: Maria_09; S. 44, 45, 57, 82: arxichtu4ki; S. 45, 62, 76: Hermit Crab Designs; S. 46: Fouzia fariha stock; S. 47, 53: Pani Malyuvalka; S. 47: kamomeen; S. 49: a.designer; S. 49: Anna L. e Marina Durante; S. 49, 65, 78: Magician ART; S. 50: katherinakrasovskaya, DesignSpread; S. 51: Kaissa; S. 51, 67: Daria Ustiugova; S. 51, 52, 82: CreativeStory; S. 53: Ekaterina Lanbina; S. 54: Ann Merrow; S. 55: Lisa Art; S. 56: vector_ann; S. 57: Alisdesigner; S. 58: david.costa.art; S. 59, 74: NLD Illustration; S. 60: Thanh Ngan; S. 62: dalidasia; S. 63: Anna Konchits; S. 64: regia; S. 65: Elena Valeto; S. 66: Sintcova Svetlana, lera lysenko; S. 76: Evgeniia Zagreeva; S. 78: wedraw; S. 79: MarieKaz, Anna List; S. 80: Kaya Gach; S. 82: Sundra, Anastasiia Skorobogatova, Ovcharova Maria, Irina Zuny; S. 94: NatalyaDDD; S. 110: Adrian Eugen Ciobaniuc, Marinodenisenko; S. 132: Stsvirkun; S. 141: Lana Brow; Hinter- grund Pflanzpläne (S. 74–82): Madredus; Symbole ab S. 106: Schnittblume: mrbeast011, Schmetterlingsmagnet: MD. MAKBUL HOSEN; bienen- und insektenfreundlich: safahaura; schneckensicher: matsabe; sonnig, halbschattig; schattig: lanastace; Winterhart: Clan D 1990.

ISBN 978-3-7459-3095-5

www.emf-verlag.de